西方人文论丛
A Collection of Western Humanities

四川师范大学学术著作出版基金资助（项目号 025-140002）

The Promise of the Subtle
隐微者的应允

日常现象的哲学诠释
A Philosophical Interpretation of
Daily Phenomena

毕聪聪 ◎ 著

四川大学出版社
SICHUAN UNIVERSITY PRESS

图书在版编目（CIP）数据

隐微者的应允：日常现象的哲学诠释 / 毕聪聪著.
成都：四川大学出版社，2024.8. -- （西方人文论丛）.
ISBN 978-7-5690-7013-2

Ⅰ．B81-06

中国国家版本馆 CIP 数据核字第 20240DD981 号

书　　　名：	隐微者的应允：日常现象的哲学诠释
	Yinweizhe de Yingyun: Richang Xianxiang de Zhexue Quanshi
著　　　者：	毕聪聪
丛　书　名：	西方人文论丛
出　版　人：	侯宏虹
总　策　划：	张宏辉
丛书策划：	侯宏虹　张宏辉　余　芳
选题策划：	王　静
责任编辑：	王　静
责任校对：	罗永平
装帧设计：	墨创文化
责任印制：	王　炜
出版发行：	四川大学出版社有限责任公司
	地址：成都市一环路南一段 24 号（610065）
	电话：（028）85408311（发行部）、85400276（总编室）
	电子邮箱：scupress@vip.163.com
	网址：https://press.scu.edu.cn
印前制作：	四川胜翔数码印务设计有限公司
印刷装订：	成都金阳印务有限责任公司
成品尺寸：	148mm×210mm
印　　张：	10.25
字　　数：	235 千字
版　　次：	2024 年 8 月 第 1 版
印　　次：	2024 年 8 月 第 1 次印刷
定　　价：	58.00 元

本社图书如有印装质量问题，请联系发行部调换

版权所有　◆　侵权必究

扫码获取数字资源

四川大学出版社
微信公众号

目　录

第一章　论快感与无聊

第一节　快感、无聊与情绪　　006

第二节　快感、无聊与审美　　014

第三节　快感、无聊与精神　　020

第二章　论羞与耻

第一节　羞耻、性与生命强力　　034

第二节　羞耻、经验与自我　　040

第三节　羞耻、心理与灵魂　　045

第四节　羞耻与性别　　050

第五节　羞耻、伦理与文化　　053

第六节　羞耻、审美与本真　　060

第三章　论　瘾

第一节　瘾的病理学　　071

第二节　瘾的文化学　　077

　　　　第三节　瘾的哲学人类学　　　　　082

第四章　论亲切

　　　　第一节　亲切与玩具　　　　　　　092
　　　　第二节　亲切与身体　　　　　　　097
　　　　第三节　亲切与建筑　　　　　　　102

第五章　论电子竞技

　　　　第一节　叙事与游乐　　　　　　　114
　　　　第二节　门道与热闹　　　　　　　122
　　　　第三节　工厂（战场）、舞台与荒野　130
　　　　第四节　圣餐和馋嘴　　　　　　　136

第六章　论非玩家角色

　　　　第一节　角色与生产　　　　　　　148
　　　　第二节　情感与描述　　　　　　　152
　　　　第三节　算法与智能　　　　　　　158
　　　　第四节　表演与交往　　　　　　　162

第七章　论周期与脆弱

　　　　第一节　永恒轮回与时空周期　　　170

第二节　主体周期与个体生命　　175
　　　第三节　脆弱与周期的结构　　181
　　　第四节　事件的脆弱及其伦理　　187

第八章　论悲剧精神

　　　第一节　悲剧与观赏　　199
　　　第二节　悲剧与接受　　202
　　　第三节　悲剧与他者　　208

第九章　论遗忘

　　　第一节　何谓遗忘　　216
　　　第二节　遗忘的解释学　　220
　　　第三节　遗忘的人类学　　225

第十章　论侥幸

　　　第一节　侥幸的语义学　　234
　　　第二节　侥幸的心理学　　238
　　　第三节　侥幸的伦理学　　242
　　　第四节　侥幸的形上与艺术　　247

第十一章　论恐怖

　　　第一节　恐怖与"怪"　　257

第二节　恐怖与"力"　　　263
第三节　恐怖与"乱"　　　267
第四节　恐怖与"神"　　　272

第十二章　论苦难、灾厄与末世

第一节　苦难、灾厄及末世的涵义　　　281
第二节　苦难、灾厄及末世的逻辑　　　285
第三节　苦难、灾厄及末世的关系　　　290

第十三章　论虚无与虚有

第一节　从虚无到虚有　　　300
第二节　虚有的结构和类型　　　305
第三节　虚有的现象　　　310

参考文献　　　315
后　记　　　319

你们见到的那个竖起眉毛的人，当然就是 Philautia（自负）。那个拍手欢笑的人叫做 Kolakia（谄媚）。那个睡意蒙眬、似醒非醒的人叫 Lethe（遗忘），而这个双手交叉、身体靠在她肘子上的是 Misoponia（懒散）。这个头戴玫瑰花冠，身在花香中的是 Hedone（愉快）。那个眼睛一直转来转去，无法平静下来的叫 Anoia（狂热），而这个身材丰满，容貌看上去吃得好、保养得好的叫做 Tryphe（放荡）。在这些女子里面你们还能见到两个神，其中一个叫科摩斯（欢宴），另一个叫尼格利托斯·许普诺斯（沉睡）。她们全都忠心耿耿地侍候着我，协助我统治整个世界，使得甚至是极大的统治者也得在我面前俯首听命。

——鹿特丹的伊拉斯谟《愚人颂》[1]

而这些赞颂愚人的话语，恰是出自鹿特丹的伊拉斯谟——伟大的贤士——之口。

---

[1] 伊拉斯谟：《愚人颂》，许崇信译，辽宁教育出版社，2001年，第7页。

第一章　论快感与无聊

当人们试图以言辞表达一种对生命本能的愉悦期待时,"快乐"通常是最合适的词汇。快者,快感;乐者,喜乐。在这平凡的描述语中,一种普遍而充沛的内在情感是大众的共同感受,它得到了知觉上的普遍同意:快乐将描述的普遍性内化为一种生命情感的共有倾向,这倾向可以渗进生命的全部维度。由此,作为雅语或书面语的愉悦不仅指称一种身体的、心理的感受,还呈现审美的、精神的甚至灵魂的适度状态。古代哲人对人的基本情感或情绪的区分正是如此:情者,乃是非之主,利害之根。七情,或指喜、怒、哀、乐、爱、恶、欲;或指喜、怒、忧、思、悲、恐、惊;或指喜、怒、忧、惧、爱、憎、欲。[①] 其中,喜作为唤醒性[②]的基本情绪,首先开启了潜在的反思活动。[③] 愉悦感因之在喜与乐的细微差别中具备了快感和喜乐在内涵层面的综合:快感显然是更加本能的、直接的、身体性的感受,而喜乐带有生成的意味,它指称那种持久的、心灵的、符号性的美好状态。这样,所谓感官的愉悦成为审美的基础,它聚合了多重、直观和非直观的身体或心灵的感知,并将美对象化为一种生命的价值。在这个意义上,李泽厚所说的乐感文化应当被直白理解为以快乐、愉悦为基本倾向的文化类型,它暗示

---

① 道诚撰:《释氏要览校注》,富世平校注,中华书局,2018年。
② 唤醒不是发觉某种现存状态,而是使睡着的人变得清醒(海德格尔:《海德格尔文集 形而上学的基本概念:世界—有限性—孤独性》,赵卫国译,商务印书馆,2017年,第90页)。
③ 当然,痛苦、无聊、焦虑开启了真正的反思活动。但由于三者是沉沦的、无所作为的、无对象的,它无法敞现情绪本身。

了某种生命自在的审美、精神特征。①

第一节 快感、无聊与情绪

对大多数人而言，"快乐生活"（life of pleasure）意味着"醇酒、美人与歌"，而"快乐的生活"（pleasant life）则可能是任何一种生活。② 生活的私人化将普遍的快乐感受具化为切身的感官的综合体验，因此快感总是首先被视作一种本能或官能：酒醉的微醺、饥饿感的消除、身体随节奏摆动、激烈而适当的交媾，这些原始而直接的刺激让器官及整个身体处于兴奋却不至癫狂的状态。在这个层面，通过抓挠而止住瘙痒所产生的快乐以及诸如此类不需要特别治疗就能痊愈的疾患都具有感官愉悦的普遍特征，它将自身建立在某种匮乏和满足的张力之上。所以，"快乐生活"为人所共有，而"快乐的生活"由于意志或精神层面的差别而另外生成，它拒绝那种简单的形式依附，即沉沦于某种快感的辩证。

事实上，按照柏拉图（Plato）的说法，快乐的生活规定了快乐本身。即由个体生命构成的事件而非那种给予快乐感受或可从中

---

① 乐感文化是李泽厚对中国古代文化特色的一种概括，与西方的"罪感文化"相对。而"乐感美学"是以"乐感"为基本特质和核心的美学体系的一种思考和建构，它揭示这样一个基本观点：美是有价值的乐感对象（祁志祥：《乐感美学》，北京大学出版社，2016年，第85页）。
② 伯纳德特：《生活的悲剧与喜剧：柏拉图的〈斐勒布〉》，郑海娟译，华东师范大学出版社，2016年，第125页。

获得快乐感受的现成物真正是生命体验的对象。

纯粹的快乐被描述为真实的快乐。它们被默认为真实。这一点无法改变,不会激励我们用记忆和期望去测度它们。然而,它们的真实性并不植根于存在(ousia),因为至少在一些聪明人看来,快乐总是一种 genesis [生成]。于是苏格拉底着手分析存在和生成,并将其划分为七类。……七个对子如下:

1. 自在自为之物;
2. 天生庄严之物;
3. 美丽、善良的情伴(们);
4. 生成之物总是以它为目的而生成的事物;
5. 存在;
6. 船只(普罗塔尔库斯的例子);
7. 善;

1. 渴求它物之物;
2. 缺乏庄严之物;
3. 他(们)男子气概的有情人;
4. 以一种存在之物为目的事物;
5. 生成;
6. 造船;
7. 与善不同的命运与处境。①

---

① 伯纳德特:《生活的悲剧与喜剧:柏拉图的〈斐勒布〉》,郑海娟译,华东师范大学出版社,2016 年,第 264 页。

这种生成性将快感的先在转化为快乐的语用学基础,它不附和某种现成符号的字面含义。

于生命个体而言,主体性在快感中显现为某种愉快感受的回忆或再次获得的期待,它具有一种悬置或反身的倾向,这种倾向与深度的意识或精神的生成相关。如赛斯·伯纳德特（Seth Benaderte）所说,人性是理智和快乐的混合物。然而,吊诡的是,人性的上限似乎正是由快乐和痛苦决定的（没有了快乐和痛苦,人就与神无异）,而人性的下限则是由理智决定的（没有了理智,人就如同水母、牡蛎一般）。[①] 理智将人与现成物的实在关系规定为特定类型的生活,于是"快乐的生活"就是主体意志的审美结果。苏格拉底（Socrates）举出了两组四个例子：（A_1）放纵的人享受快乐。（A_2）节制者（sophronon）以节制本身为乐。（B_1）愚蠢的人享受快乐,并满脑袋愚妄的意见和希望。（B_2）理智者（phronon）以理智本身为乐。[②] 这样,理智本身就是一种美,理智的活动构成一种抽象的、形式的审美经验,它以非感性的感性形式为对象。在这个意义上,不同形式的快乐被区分为两种类型：表象的、浅层经验中的、耗费的、临时满足的快乐以及长久悬停的、深层的、远离的、超脱的快

---

① 伯纳德特：《生活的悲剧与喜剧：柏拉图的〈斐勒布〉》,郑海娟译,华东师范大学出版社,2016年,第297页。
② 伯纳德特：《生活的悲剧与喜剧：柏拉图的〈斐勒布〉》,郑海娟译,华东师范大学出版社,2016年,第133页。

乐，它们共同构成快乐经验的整体。

需注意的是，"快乐生活"与"快乐的生活"之间的差别揭示了另一种内在的主体化关系，即"在……之中"和单纯"存在"区分了现成物和审美主体：审美主体不仅接受了现成物的在场，它同时将这种在场主观化为一种欲望的形式，且这种欲望以暧昧、两可的方式得到了表达。唇与目光的交织将身体塑造成主体欲望的场域，它成为一种强力机器的价值。香车、美人、互相吸引缠绕的身体、消费和游戏等以可见的愉悦形式单纯制造了匮乏与满足、满足与更满足之间的联接，它代表了某种程度上的自由。于是，在大众艺术中，性与暴力成为堂皇的艺术因子，它不断撩拨、刺激主体进行快感的综合并使大众沉沦其中。恐怖电影、艳舞、夸张而奇诡的人物造型和故事共同构成了欲望的综合符号。唯独在焦虑和厌恶中，这种温柔的魅惑、摩挲的满足①产生了一种完全相反的情绪：它在激情的过渡中裸露其满足的表象——没有哪种快感是不可或缺的，它不过在逃避无聊，一旦值得关注的事情发生，这种快感就变得无关紧要了。换言之，快感是贴附在无聊之上的。②

在心理学层面，"简单性无聊"也许可以形容这种快感的起源：它是一种情绪，该情绪在枯燥乏味、在劫难逃的情境中让人束缚、

---

① 比如追求可爱与性感并存的宅舞，各种撩拨性的电台节目。
② 情绪自身被激发起来，哭泣、恐惧、紧张的情绪；凡是一切引起激动的东西都是令人愉快的。与无聊相反，这种非快乐也就给人一种快乐的感受（尼采：《权力意志与永恒轮回》，沃尔法特编，虞龙发译，上海译文出版社，2016年，第41页）。

受限，最终产生一种孤立于周边环境和脱离时间正常进程的感觉。此定义可归纳为：无聊产生于在劫难逃、意料之中的境遇，它是一种轻度厌恶的社会情感。① 自然，主体的快感不过是一种欢快的逃离，它在根本上与痛苦没有什么不同，甚至它们是亲缘性的，这很好地解释了自残——可恢复的伤害——带来的愉悦。在类型上，马丁·杜勒曼（Martin Doleman）首先提出了存在式无聊（existential boredom），② 情景式无聊（situational boredom）亦被包括其中。与此同时，有一种产生于过量和重复的无聊，拉斯·史文德森（Lars Svendsen）称之为"餍足性无聊"（boredom of surfeit），二者共同构成了心理无聊的一般样式。换言之，在主体沉默的行动中，感官的沉醉和刺痛都会唤醒某种抑制无聊的事物。

事实上，在生物学和神经学领域，无聊本就指称一种基本的生命情态，它通常被认为是来自神经递质多巴胺（dopamine）的缺乏。其中，多巴胺充当大脑的奖赏系统，这种脑内化学物质与愉悦和兴奋的情绪紧密相连，它引导大脑做出了反应，形成了这些情绪。因此，多巴胺不足会导致注意力无法集中、难以产生愉悦、兴奋，它是造成和注意力缺陷多动障碍（ADHD，俗称儿童多动症）

---

① 图希：《无聊：一种情绪的危险与恩惠》，肖丹译，电子工业出版社，2014年，第40～41页。
② 在法国，有一种倾向，人们忽视"**存在式无聊**"这个概念，而把它叫作忧虑。实际上，法国人对他们所称的"**忧虑**"显现出了一种非凡的热爱。而在盎格鲁撒克逊地带，人们称这种忧虑为"**无聊**"（图希：《无聊：一种情绪的危险与恩惠》，肖丹译，电子工业出版社，2014年，第24页）。

的主要原因,患多动症的孩子觉得周期性的静止极度无聊正是因为多巴胺偏低影响了他们对时间的感知。卡蒂亚·卢比亚(Katya Rubia)称,寻求"新奇和刺激"是这些孩子的"自我治疗"方法,这能刺激他们的多巴胺上升,从而使他们的时间感知能力正常化,调治他们的无聊。药物利他林(Ritalin)具有同样的功效。①

当然,人们并不需为此惋惜,因为无聊作为一种心理感知状态并不必然会形成病症,多巴胺的适当缺乏为生命体的均衡做了调节。如果说厌恶可以在生理上保护人们免受感染,那么无聊一定也可以在心理上保护人们远离"感染的"社会情境——那些束缚人的、可预测的、单调乏味的情境:它制造了一种全对象或无对象的悖谬,因此无聊可被视为厌恶的变体。② 正如奥托·费尼谢尔(Otto Fenichel)在1951年出版的《思维的组织与病理学》(Organization and Pathology of Thought)中所指出的,长期性无聊不仅会转化成病理行为,还会变成"病理性的"无聊,它因人的内驱力和愿望受到抑制而产生。费尼谢尔认为无聊是控制和掩饰躁动、兴奋甚至是愤怒的途径,因此他诊断他的一个病人为"无聊掩饰了他的激动"。这种无聊的压抑是病理学上的,它妨碍了情绪的正常表达,从而催生神经症。③

而在这种抑制性的无聊病症之外,还存在与之相反的活跃的无

---

① 图希:《无聊:一种情绪的危险与恩惠》,肖丹译,电子工业出版社,2014年,第41页。
② 图希:《无聊:一种情绪的危险与恩惠》,肖丹译,电子工业出版社,2014年,第11页。
③ 图希:《无聊:一种情绪的危险与恩惠》,肖丹译,电子工业出版社,2014年,第48页。

聊的病理反应。这种病理反应在感受层面可以分为两种：一种与快感相关，另一种预想某种痛觉的刺激。典型的例子是，如漫游癖这种在某一时间、某一地点发生，随后逐渐消失、短期的流行精神病通常以感官沉醉的方式出现：漫游癖患者会突然产生一种难以自制的出走冲动，这种冲动在身体长久不断的运作中被消解、吸收，最终它会被专注的愉悦填充。而对广大的人群来说，更为常见的做法是点燃一支香烟。尼古丁促进神经传递物的产生，多巴胺的分泌增加，思虑的缓解和逗趣①的闲适带来双重的愉悦。可惜的是，它毕竟是抑制性的并且具有成瘾性，因而漫游癖成为所有无聊癖好中最流行且最有趣的一个。②

与此类快感的无聊病症相对，存在一种被称为"残疾扮演控"的疾病，它具有一种痛觉倾向的本能。患者生出把手足从身体上分开的强烈欲望，且患肢带来的莫名的痛感和不适让其对这种分裂的怪异感乐此不疲。毋庸置疑，这是相当罕见的。大概没人知道是什么驱使着残疾扮演控会有这种想法。但关于残疾扮演控的理论是层出不穷的，有时它也被称为"性反常行为"或"性嗜好"，约翰·蒙尼（John Money）就持此观点，是他发现了该类疾病。也有人认为，这种内心的欲望和自我认知有关：患者总是设想自己没有手脚的样子。可以肯定，一些残疾扮演控患者有精神上的问题。③ 当然，

---

① 比如让口鼻的烟雾呈现各种形状。
② 图希：《无聊：一种情绪的危险与恩惠》，肖丹译，电子工业出版社，2014年，第66页。
③ 图希：《无聊：一种情绪的危险与恩惠》，肖丹译，电子工业出版社，2014年，第74页。

若将之理解为某种过激的逃离无聊的反应更为合适,在自残和双相障碍中,人们可以轻易发现那种远离平静的强烈冲动。

尤为重要的是,人们要明白这种病理性的无聊并不会轻易发生,其成因多是残酷的。有学者观察到随着动物在笼子里的时间越来越长,它们会舔、吸、咬笼子的铁杆,或者撕咬攻击笼子里的同伴的身体;它们会撕扯皮肤或羽毛,或者咬自己的四肢、生殖器、尾巴;它们也有可能吃自己的排泄物或者吐出之前吃的食物,愤怒和狂躁的行为开始上演。可怜的无聊的凤头鹦鹉如此自残,其他的动物也会如此。对凤头鹦鹉而言,这种"整羽置换行为"(displacement preening)是一种因过度囚禁和孤立的无聊而重新定位的行为,它意味着这种鸟绝不应该被关进笼子。同理,家庭和社会的压迫会促使特定人群陷入无聊、抑郁或癫狂,生存境况一旦导致个体或群体发生心理的病变,那么它一定要被迫做出改变。在强制无聊情况下,动物会自残或变得消极静止,保持人们所说的长时间呆滞的姿势。比如被绳子拴着的母猪和育肥猪会长达六小时静坐不动,要么垂头丧气,要么碰撞兽栏的栅栏。通过这些方式动物焦躁不安的举动看上去有所缓解,但最终长期的无聊会使动物放弃找事去做;它们将停止和单调做斗争,开始昏昏欲睡,变得无能而又绝望。[①]

然而,无聊不能被绝望取代,这是精神病治疗的首要原则。有

---

① 图希:《无聊:一种情绪的危险与恩惠》,肖丹译,电子工业出版社,2014年,第87页。

趣的是，无聊的三种治疗方法——药物麻痹、旅游和性——自古以来被公认为能引发无聊。所以，在沉醉的重复和经验的轮回之外有一种更为合适的快乐和痛苦，它与审美活动息息相关。在根本上，主体的他性会被唤醒。

第二节　快感、无聊与审美

在对待问题的态度上，哲学家与医生有共通之处，二者都希望能一劳永逸地解决某些难题。即使哲学家做得更隐晦，方法有时会显得很出格，其中依旧暗含某种真理性的东西。对于阿图尔·叔本华（Arthur Schopenhauer）而言，解决痛苦的最有效方法无外乎自杀，"我不逃避痛苦，以便痛苦能有助于取消生命意志，——这意志的现象是如此悲惨——，因为痛苦正在这方面加强我现在对于世界的真正本质所获得的认识，即是说这认识将成为我意志最后的清静剂而使我得到永久的解脱"[①]。然而，在自杀之外，仍有被称为艺术的东西值得人们关注。"世界的这一面，可以纯粹地认识的一面，以及这一面在任何一种艺术中的复制，乃是艺术家本分内的园地。观看意志客体化这幕戏剧的演出把艺术家吸引住了，他逗留在这演出之前不知疲倦地观察这个演出，不知疲劳地以艺术反映这个演出。同时他还负担这个剧本演出的工本费，即是说他自己就是那把

[①] 叔本华：《作为意志和表象的世界》，石冲白译，杨一之校，商务印书馆，1982年，第548页。

自己客体化而常住于苦难中的意志。对于世界的本质那种纯粹的、真正的、深刻的认识,在他看来,现在已成为目的自身了:他停留在这认识上不前进了。"① 此时此刻,审美悬置某些不可阻挡的事物,它施行一种替代的功效。也许对大众而言,这是对抗那消解生命意志的无聊的更加易于接受的方式;毕竟,"缺少满足就是痛苦,缺少新的愿望就是空洞的想望、沉闷、无聊"②。当这种缺乏在审美层面得到补足的时候,单纯快感的表象就得到了内深的延展,它不再指向自身——虚无,并且无聊在美学层面是成为自在的审美场域,人们可以在其中感受到空白③,它与虚无截然不同。所以,在根本上,无聊是使对象变得无关紧要的事物。

在有关笑的研究中,人们可以明显看出无聊的基底性。伊曼努尔·康德(Immanuel Kant)的观点是:"笑是一种从紧张的期待突然转化为虚无的感情。"④ 一个印第安人在苏拉泰(印度地名)的一个英国人的筵席上看见一个坛子打开、啤酒化为泡沫从中喷出后,大声惊呼不已。待英国人问他有何可惊之事时,他指着酒坛说:我并不是惊讶那些泡沫怎样出来的,而是它们怎样搞进去的。人们听了之后会大笑,而且使人真正开心的并不是观众自认比这个无知的

---

① 叔本华:《作为意志和表象的世界》,石冲白译,杨一之校,商务印书馆,1982年,第370页。
② 叔本华:《作为意志和表象的世界》,石冲白译,杨一之校,商务印书馆,1982年,第360页。
③ 康德把审美行为阐释为"反思的愉悦",按照这种说法,无聊属于无知的领域,即空白。
④ I.康德:《判断力批判(上)》,宗白华译,商务印书馆,1964年,第180页。

人更聪明些,也不是因为人们从中觉察到令人满意的东西,而是由于人们的紧张、期待突然消灭于虚无。①笑可以被视为一种面向虚无的回归,即使是以优胜或优越感为根底的嘲笑,也在取消那种被战胜的威胁时真正带来愉悦。"可注意的是:在一切这些场合里那谐谑常须内里含有某些东西能够在一刹那里眩惑着人;因此,如果那假相化为虚无,心意再度回顾,以便再一次把它试一试,并且这样的通过急速继起的紧张和弛缓置于来回动荡的状态:这动荡,好象弦的引张,反跳急激地实现着,必然产生一种心意的振动,并且惹起一与它谐合着的内在的肉体的运动,这运动不受意志控制地向前继续着,和疲乏,同时却也有一种精神的兴奋(适于健康运动的效果)。"②心意的振动是非价值的,它使得笑、乐可有可无,二者都可转换为其他不重要的情感。表象的笑是一种表演虚假,反思的笑是一种自嘲,它们以次生——回忆——的方式存有。最终,在安静而略显扫兴的平复中,无聊变得难以接受。

更进一步,在审美层面,凡是一方面情况应引起痛感而另一方面单纯的嗤笑和幸灾乐祸都还在起作用的地方,照例就没有喜剧性。比较富于喜剧性的情况是这样:尽管主体以非常认真的样子,采取周密的准备,去实现一种本身渺小空虚的目的,在意图失败时,正因它本身渺小无足轻重,而实际上他并不感到遭受什么损失,他认识到这一点,也就高高兴兴地不把失败放在眼里,觉得自

---

① I.康德:《判断力批判(上)》,宗白华译,商务印书馆,1964年,第180页。
② I.康德:《判断力批判(上)》,宗白华译,商务印书馆,1964年,第181页。

己超然于这种失败之上。① 失败是可有可无的，成功也是可有可无的，它们的目的在唤起某种情感或精神上的激情。换言之，喜剧欣赏所要改造的是已经成为情感习惯的冷漠。所以，即使喜剧无法与悲剧一样唤起那些沉重而深刻的情感，但它具有另一种净化（κάθαρση）的功能：为深沉的接受做出预备。如恩斯特·卡西尔（Ernst Cassirer）所言，"喜剧艺术最高度地具有所有艺术共有的那种本能——同情感（sympathetic vision）。由于这种本能，它能接受人类生活的全部缺陷和弱点、愚蠢和恶习。伟大的喜剧艺术自来就是某种颂扬愚行的艺术。从喜剧的角度来看，所有的东西都开始呈现出一付新面貌。我们或许从来没有象在伟大喜剧作家的作品中那样更为接近人生了，例如塞万提斯的《堂·吉诃德》，斯特恩的《商第传》，或者狄更斯的《匹克威克外传》。我们成为最微不足道的琐事的敏锐观察者，我们从这个世界的全部褊狭、琐碎和愚蠢的方面来看待这个世界。我们生活在这个受限制的世界中，但是我们不再被它所束缚了。这就是喜剧的卡塔西斯作用的独特性。事物和事件失去了它们的物质重压，轻蔑溶化在笑声中，而笑，就是解放"②。

事实上，美学对快感的看重正基于此。克里斯托弗·沃尔夫（Cristoph Wulf）宣称："美在于一件事物的完善，只要那件事物易

---

① 黑格尔：《美学·第三卷（下册）》，朱光潜译，商务印书馆，1981年，第292页。
② 恩斯特·卡西尔：《人论》，甘阳译，上海译文出版社，1985年，第191～192页。

于凭它的完善来引起我们的快感。""美可以下定义为:一种适宜于产生快感的性质,或是一种显而易见的完善。""产生快感的叫作美,产生不快感的叫作丑。"① 在这个意义上,审美学而非美学在如今更具有科学命名上的合理性,审美活动将美、丑都视作自身的对象。当然,这种审美范畴的扩大仍建立在传统的美学观点之上,比如古代中国人认可的"美""在心理方面意味着官能性快感——悦乐性"②,而亚历山大·鲍姆嘉通(Alexander Baumgarten)认为,美学的目的正是感性认识本身的完善,这完善也就是美。③ 美使对象圆满无缺,具有引起快感的性质,"美的东西就是一般产生快感的东西"④。在根本上,"快感之起必以适合心之本质为根据"⑤。勒内·笛卡尔(René Descartes)将之描述为,"美和愉快所指的都不过是我们的判断和对象之间的一种关系"⑥,与知性相关。在类型上,如桑塔亚那所说:"官能的快感不同于审美的知觉。"⑦ "审美快感所唤起的观念并不是对于它的肉体原因的观念。肉体的快感都被认为是低级的快感,也就是那些使我们注意到身体某部分的快

---

① 北京大学哲学系美学教研室编:《西方美学家论美和美感》,商务印书馆,1982 年,第 87 页。
② 笠原仲二:《古代中国人的美意识》,杨若薇译,生活·读书·新知三联书店,1988 年,中译本前言第 2 页。
③ 鲍姆嘉滕:《美学》,简明、王旭晓译,文化艺术出版社,1987 年,第 18 页。
④ 《美学原理 美学纲要》,朱光潜译,外国文学出版社,1983 年,第 93 页。
⑤ 吕澂:《美学概论》,商务印书馆,1924 年,第 12 页。
⑥ 北京大学哲学系美学教研室编:《西方美学家论美和美感》,商务印书馆,1982 年,第 79 页。
⑦ 乔治·桑塔亚纳:《美感》,缪灵珠译,中国社会科学出版社,1982 年,第 24 页。

感。"①"肉体的快感是距离美感最远的快感。"② 但是，正是在这种层次的区分中，我们看到了快感的真正美学意味：它引起了某种与感性相关的反思，而这反思对自身及其对象关系的感觉被称为审美。因此，快感与审美都不是目的性的，它生成在无聊的悖谬中——无聊不能使自身无聊，它在情绪或审美的扩展中造就可无聊之事物。

这样，喜剧就是根植于矛盾的艺术，它制造观念的迟滞和情感的沉醉。简而言之，当某一情境有两个相反的方面而它们又分别体现出两种冲突的社会价值时，则这一情境就是喜剧性的。如果用 S 代表某一情境，X 与 Y 分别代表这一情境的两个方面，E 和 E_2 是两种冲突的社会价值，则喜剧情境的公式的表述可列示于下：S 既有 X 的一面也有 Y 的一面；X 具有社会价值 E；Y 具有社会价值 E_2；S 既有价值 E，也有价值 E_2，而 E 与 E_2 是不相容的。③ 在这种争端中，不仅审美价值的表象被呈现出来④，它同时揭示一种更深层次的价值自身的虚妄，即无聊并不必然要求一种美学价值上的区分，它是需要一种在情绪之外的范畴上的补充。所以，"滑稽"作为一个与"崇高"相对的美学范畴，它的价值正在对立于无聊的掩

---

① 乔治·桑塔亚纳：《美感》，缪灵珠译，中国社会科学出版社，1982 年，第 24 页。
② 乔治·桑塔亚纳：《美感》，缪灵珠译，中国社会科学出版社，1982 年，第 34 页。
③ 拉尔夫·皮丁顿：《笑的心理学》，潘智彪译，中山大学出版社，1998 年，第 55 页。
④ 李泽厚指出："滑稽具有的审美性质，就在于引起人们看到恶的渺小和空虚，意识到善的优越和胜利，也就是看到自己的斗争的优越和胜利，而引起美感愉快。"（李泽厚：《美学论集》，上海文艺出版社，1980 年，第 222 页）

盖中。"崇高"意味着肯定、观念溢出形象,内容压倒形式(沉重、超脱),"滑稽"对应否定(反讽、嘲笑)、形象大于观念,形式压倒内容(轻松、生活),它把审美大众化了。在这个意义上,由于审美对象的重复或无趣而产生的审美的厌倦也无法真正摆脱无聊,审美最终成为无聊的主体。黑色喜剧要给予人们一种无所作为和所作所为无任何意义的感觉,①这种针对流行文化重复获取快感②的反抗无疑值得鼓励。在形式上,真正的愉悦仍在艺术的边缘,而感性、知性的边缘正是焦虑、痛苦着的精神和生命意志。

第三节 快感、无聊与精神

精神的无聊通常被误解,人们习以为常地将之等同于某种与虚无类似的主体状态。"无聊——对于一个人最不堪忍受的事莫过于处于完全的安息,没有激情,无所事事,没有消遣,也无所用心。这时候,他就会感到自己的虚无、自己的沦落、自己的无力、自己的依赖、自己的无能、自己的空洞。从他灵魂的深处马上就会出现无聊、阴沉、悲哀、忧伤、烦恼、绝望。"③ 因此,人的状况是变化无常、无聊、不安。④ 然而,吊诡的是,即使无聊最能说明时间空

---

① 潘智彪:《喜剧心理学》,中山大学出版社,2019年,第187页。
② 比如现在流行的短视频、肥皂剧、各种类型的综艺、宅舞、直播、游戏等。
③ 帕斯卡尔:《思想录》,何兆武译,商务印书馆,1985年,第63页。
④ 帕斯卡尔:《思想录》,何兆武译,商务印书馆,1985年,第62页。

虚的经验——人们为了利用它，先得占有它，按照"属它的时间"的结构行事，① 但仍旧有一种悖谬之物被揭示出来：无聊的生存化会导致精神的无根基，即将无聊视作精神的匮乏或忽略无聊与安宁的紧密联系，都会使得精神不得停歇。② 如索伦·克尔凯郭尔（Søren Kierkegaard）所言，决定论和宿命论是精神的绝望（despair of spirit），无精神性也是绝望，③ 但无聊是有精神的，它不是虚无。

  整个的人生就这样地流逝。我们向某些阻碍作斗争而追求安宁；但假如我们战胜了阻碍的话，安宁就会又变得不可忍受了；因为我们不是想着我们现有的悲惨，就是想着可能在威胁我们的悲惨。而且即使我们看到自己在各方面都有充分的保障，无聊由于其秘密的威力也不会不从内心的深处——它在这里有着天然的根苗——出现的，并且会以它的毒害充满我们的精神。

  因此，人是那么地不幸，以致于纵令没有任何可以感到无聊的原因，他们却由于自己品质所固有的状态也会无聊的；而他又是那么地虚浮，以致于虽然充满着千百种无

---

① H.-G. 伽达默尔：《美的现实性：艺术作为游戏、象征和节庆》，郑湧译，人民出版社，2018年，第43页。
② 也许正是如此，哲学才起源于无聊（海德格尔：《海德格尔文集 形而上学的基本概念：世界—有限性—孤独性》，赵卫国译，商务印书馆，2017年，第231页）。
③ 克尔凯郭尔：《致死的疾病》，张祥龙、王建军译，中国工人出版社，1997年，第36页。

聊的根本原因，但只要有了最微琐的事情，例如打中了一个弹子或者一个球，就足以使他开心了。①

这意味着，无聊蕴养精神，且这种蕴养掩盖精神的生存性，精神再难以将自身的"无处境"②视作某种可焦虑的对象。

而与无聊相比，焦虑显然是生存性的，它与虚无相关。焦虑有三种形式，即对命运和死亡的焦虑（要言之，对死亡的焦虑）、对空虚和意义丧失的焦虑（要言之，对无意义的焦虑）、对罪过与谴责的焦虑（要言之，对谴责的焦虑）。焦虑的所有这些形式，都是生存性的。③于主体精神而言，焦虑并无确定的对象，或者用一句自相矛盾的话来说，焦虑的对象是对每一对象的否定。因此，与之相关的参与、斗争和爱也就失去了可能。对那处于焦虑之中的人，只要其焦虑是纯粹的焦虑，则他人便爱莫能助。焦虑状态中的这种无助，可以在动物与人类中观察到。这种无助表现为方向的失落、反应的失当、"意向"的缺乏（意向是与知识或意志这些有意义的内容相联系的存在）。之所以有时会出现这种引人注目的行为，是因为缺乏一个对象，可使处于焦虑状态中的主体将其注意力集中在它的上面。唯一的对象是威胁本身，但不是作为威胁的根源，因为

---

① 帕斯卡尔：《思想录》，何兆武译，商务印书馆，1986年，第69页。
② 处境单纯地不与主体发生关联是无聊，处境被主体刻意忽略是超脱，主体被处境吞噬是虚无。
③ 蒂利希：《存在的勇气》，成穷等译，贵州人民出版社，2007年，第25～26页。

威胁的根源是"虚无"。① 这样,处境的去对象化和强作对象将无聊与焦虑区分开来,而对象的无所得显然是虚无性的。

事实上,重复和枯燥导致无聊正是对象丧失可关注性的结果,对象的去对象化发生在精神的倦怠中。

> 操劳不肯趋就的东西,操劳"无暇"顾及的东西,都是不上手的东西:其方式是不相干的东西,未完成的东西。这种不上手的东西搅人安宁,它挑明了在其它事情之前先得操劳处理之事的腻味之处。随着这种腻味,上手的东西的在手状态就以一种新的方式宣告出来——那就是总还摆在眼前要求完成的东西的存在。②

马丁·海德格尔(Martin Heidegger)将此视作无聊的第一种形式:被某事物搞得无聊。除此之外,无聊的第二种形式与在某事物中感到无聊及属于它的消磨时间有关,而无聊的第三种形式是深度的无聊作为"某人无聊"。这样,无聊作为此在的基本情态,引起时间及世界、有限性、个体化等问题,而深度的无聊作为文化哲学解释隐蔽的基本情绪。③ "使人无聊着的,无聊的东

---

① 蒂利希:《存在的勇气》,成穷等译,贵州人民出版社,2007年,第23页。
② 海德格尔:《存在与时间:修订译本》,陈嘉映、王庆节译,生活·读书·新知三联书店,2012年,第87页。
③ 海德格尔:《海德格尔文集 形而上学的基本概念:世界—有限性—孤独性》,赵卫国译,商务印书馆,2017年,第111页。

西，是把人拖着却又让人无所事事的东西"①，它需要一种哲学上的唤醒。

具体而言，无聊通过时间开启生存。它是时间视域之吸引，这种吸引让归属于时间性的眼下消失，以便通过那种"让消失"，使被吸引的此在被逼迫到眼下。作为其生存之真正的可能性，这种生存只有当处于存在者之整体中时才是可能的，而这种整体本身在吸引的视域中恰恰整体上被拒绝。② 时间在个体中内化绵延，"懒洋洋漠漠然的无情无绪状态无所寄托无所进取，唯自遗于每日发生的事却因而以某种方式裹带着一切"③，这种状态最深入地表明遗忘在最接近我们的操劳活动的诸种日常情绪中具有何等力量。凡事都像它们是的那样"让它去"，这种混日子之方奠基于一种遗忘着自遗于被抛境况的境况。它具有一种非本真曾在状态的绽出意义。漠漠然可以与手忙脚乱的营求并行不悖，而沉着却泾渭分明。沉着这种情绪发源于决心，而决心直面先行到死所展开的整体能在所可能具有的诸种处境。④ 在对时间的感知中，"从生存论上使惧怕成为可能的特殊的绽出

---

① 海德格尔：《海德格尔文集 形而上学的基本概念：世界—有限性—孤独性》，赵卫国译，商务印书馆，2017年，第130页。
② 海德格尔：《海德格尔文集 形而上学的基本概念：世界—有限性—孤独性》，赵卫国译，商务印书馆，2017年，第228页。
③ 海德格尔：《存在与时间：修订译本》，陈嘉映、王庆节译，生活·读书·新知三联书店，2012年，第393页。
④ 海德格尔：《存在与时间：修订译本》，陈嘉映、王庆节译，生活·读书·新知三联书店，2012年，第393页。

统一性原本是从上述遗忘到时的；这种遗忘作为曾在状态的样式使与之相属的当前和将来都在其到时中改变其样式。怕的时间性是一种期待着当前化的遗忘。知性的解释朝着在世内照面的东西制订方向；依着这一方向，对怕的知性解释首先设法把'来临的恶事'规定为怕之何所怕，又与这'来临的恶事'相呼应而把与这恶事的关系规定为预期。怕这现象此外还包含有的就是一种'快感或不快感'了"①。这样，无聊生成了对象性、感知性的东西。

因此，快感改变了的事情不仅是身体的无所事事——如用树枝画画，那种将香烟放在手指间抪搓转动、观察烟柱形状、顺带注视烟灰能保持多长的闲趣才带来的精神舒缓。如海德格尔所说，闲言首先是从无聊中走脱的，它是注视性的。"闲言的无根基状态并不妨碍它进入公众意见，反倒为它大开方便之门。闲言就是无须先把事情据为己有就懂得了一切的可能性。闲言已经保护人们不致遭受在据事情为己有的活动中失败的危险。谁都可以振振闲言。它不仅使人免于真实领会的任务，而且还培养了一种漠无差别的领会力；对这种领会力来说，再没有任何东西是深深锁闭的。"② 闲言填充无聊是一种故事符号的冒险，它满足于感觉

---

① 海德格尔：《存在与时间：修订译本》，陈嘉映、王庆节译，生活·读书·新知三联书店，2012年，第390页。
② 除此之外，在触目、窘迫和腻味中，上手事物这样那样失去了上手的性质（海德格尔：《存在与时间：修订译本》，陈嘉映、王庆节译，生活·读书·新知三联书店，2012年，第196～197页，第87页）。

的掺杂和综合。当然，宁静、轻抚、暧昧并不总被不安的灵魂接受。

天才人物每每要屈服于剧烈的感受和不合理的情欲之下。然而这种情况的原因倒并不是理性微弱，而一面是由于构成天才人物的整个意志现象有着不同寻常的特殊精力，要从各种意志活动的剧烈性中表现出来；一面是通过感官和悟性的直观认识对于抽象认识的优势，因而有断然注意直观事物的倾向，而直观事物对天才的个人们〔所产生的〕那种极为强烈的印象又大大地掩盖了黯淡无光的概念，以至指导行为的已不再是概念而是那印象，〔天才的〕行为也就正是由此而成为非理性的了。因此，眼前印象对于天才们是极强有力的，〔常〕挟天才冲决〔藩篱〕，不加思索而陷于激动，情欲〔的深渊〕。①

根据以上论述可知，无聊的确是那种无法被对象化、生存化的事物，它是一种处境和体验，不生产某种类型的判断或生活。所以，有关无聊历史的论述及相关的解读反而是有趣的②，无聊在对

---

① 叔本华：《作为意志和表象的世界》，石冲白译，杨一之校，商务印书馆，1982年，第265页。
② 推荐阅读与"无聊"的相关书籍如 Alfred Bellebaum, *Langeweile, Überdruss und Lebenssinn*, Westdt. Verl., 1990; Jürgen Große, *Philosophie der Langeweile*, Springer-Verlag GmbH Deutschland, 2008.

自身的回忆或反观中成为精神主体。这样，快感和无聊就不是对立的，无聊作为快感的基底存在。①

> 苏格拉底：那现在就让我们大致看一下吧。如果这种说法是真实无误（really and truly）的，也就是说动物在情况恶化时会产生痛苦，在复元时产生快乐，那么我们就要琢磨一下，当处于既未恶化又未恢复的状态时，每个动物的状况是怎样的。你思考这个问题时要格外注意，用你的心智说话。难道每个动物在这种时刻不都是必然既没有感受到痛苦，也没有感受到丝毫的快乐吗？
>
> 普罗塔尔库斯：是的，必然如此。②

这种灵魂处在无所察觉的状态被称为"无感"（anaisthēsia），

---

① 虽然尼采宣称："快乐比痛苦同样更加原始：痛苦首先是有条件的，只是求快乐的意志（求生成、生长、塑造的意志，就是说求创造的意志；但在创造中也包括破坏）所产生的一种现象。这就设想出一种对生存的最高肯定状态，其中同样不能排除最高痛苦：这就是悲剧性的狄俄尼索斯状态。"（尼采：《权力意志与永恒轮回》，沃尔法特编，虞龙发译，上海译文出版社，2016 年，第 297 页）而詹姆斯·穆勒认为存在着中性的感觉，可他同时又认识到在每类感觉中，我们都会发现感觉是快乐与不快所伴随的（弗兰兹·布伦塔诺：《从经验立场出发的心理学》，郝忆春译，商务印书馆，2017 年，第 174 页）。
② 伯纳德特：《生活的悲剧与喜剧：柏拉图的〈斐勒布〉》，郑海娟译，华东师范大学出版社，2016 年，第 43 页。

它是非情绪性的无聊。① 换言之，无聊的神经通路是纯形式的，在无聊通道的左右两侧，分别是快乐和痛苦，它们是无聊滑落之地，②而不同的快感类型在压力的参与中被生成。其中，类型 1、类型 2 的快感会分化更多层次，并结合为更复杂的快感的层与流（如图 1 所示）。③

因此，无聊的在场是暂时的，它通常被专注——一种悬空或视线的转移（注意的潜在化）——中断。哈里·奇克森特米哈伊（Mihaly Csikszentmihalyi）认为："对于完全沉浸在令他爱不释手的工作中的人来说，时间几乎是停止的。"他称这种状态为"心流"（flow）——"聚精会神"或"忘我"的状态。④ 这样，无聊、唤醒和悬置就是精神活动的三种形式。

---

① 古斯塔夫·费希纳（Gustav. Th. Fechner）认为"只要意识行为始终与快乐和不快存在联系，那我们也可以认为快乐和不快与心理物理关系中的稳定和不稳定状态存在联系。这也证实了我在别处详细论述过的假设：每一种跨过意识门槛的心理物理活动，只要超过一定界限，达到接近完全稳定的状态，就会产生快乐；反之，当它偏离这个界限一定程度，就会产生不快。而介于快乐和不快之间的这片地带，也有一定的宽度，在这儿，什么都不会产生"（弗洛伊德：《自我与本我》，徐胤译，天津人民出版社，2017 年，第 3～4 页）。
② 当然，这种感觉可以是中间的、综合的、摇摆不定的。
③ 此处的快感类型在总体上被分为与快乐相关、与痛苦相关的，更多有关快感二分法的类型。
④ 图希：《无聊：一种情绪的危险与恩惠》，肖丹译，电子工业出版社，2014 年，第 16 页。在宗教中，这种状态被描述为无我或神我，身体此时是空的。

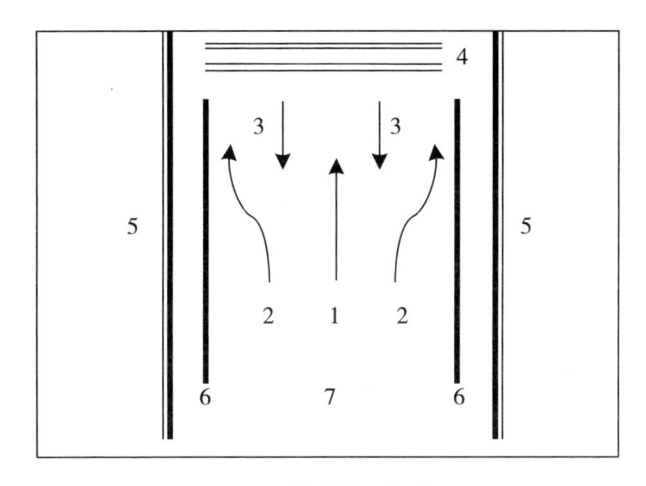

图 1 快感的层与流

注：其中，类型 1、类型 2 代表两种类型的快感流，3 是与愉快感相关的压制力，4 是压力层，5 是感觉流整体的边界，6 是快感流整体的边界，7 是感觉流本身，其背景是无聊。

基于此，得出一个至关重要的结论：快感作为一种审美不仅是反思的、意识的、意志的[①]，甚至所有的快感都是审美的。这意味着，人们再难将那种强烈的寻求快感的冲动归咎于身体的原始、本能或低级，身体不过在以耗费的方式远离无聊。换言之，是意识的倦怠或精神的无能让无聊充斥全身，身体的审美以满溢的方式破坏自身的边界并唤醒某种异样[②]的东西，审美的快感是他性的。"如果在一个意义下我的对象-存在由于别人而成为难以忍受的偶然性和

---

① 快感生产意义（费斯克：《理解大众文化》，王晓珏、宋伟杰译，中央编译出版社，2001年，第66页）。
② 让-菲利普·德兰蒂编：《朗西埃：关键概念》，李三达译，重庆大学出版社，2018年。

纯粹对我的'占有',那在另一种意义下,这个存在指示着我应该收回并且应该奠定以便成为我的基础的东西。但是这恰恰只有在我把自己同化于他人的自由时才能设想。"[1] 由此,快感最终与自由相关,它反对一切感官、意识和精神的闭塞。

---

[1] 萨特:《存在与虚无》,陈宣良等译,生活·读书·新知三联书店,2007年,第447页。

第二章 论羞与耻

在日常交往中，语词的偏义和叠义带来的最大便利是：人们无需再烦恼于那种精确而乏味的描述或表现。因为在表象性的缩略里，并置、象征、转喻融入修辞的边界审美①，它们以生活化的语用学取代了执拗的语法学，这显然让诗人和大众欣喜。可是，这种取代并不言喻某种真实之物，同时它也不具有某种反对还原或溯源的基本结构，因此，这些语词总是为哲学家所不满。在对生命现象的研究中，与之相关的语词在现象学还原之后常以非道德的样态出现，且被解构者与审美或多或少有些关联。这意味着美学于生命而言，深根且入微。

在对羞耻②的言说中，人们注意到了这种的微小却显著的差别：即使再浪漫的人也无法忽视羞耻的道德意味，而稍微细心的人则会发现，在道德说教之外，有一种更富吸引力的东西显露出来。被显露者，即各种样式的本真。其中，性的意味即本真身体的完全呈现——暴露，它引起身体及美的直观。③ 在更广泛的意义上，它分别与身体经验、心理和意识、情感、灵魂和他者以及审美相关。并且，羞与耻在这些特征中是混淆的，即使人格特质学派宣称羞耻是一种遗传特质、行为主义者认为害羞是与其他人交往的社交技巧之缺乏、精神分析学家认定害羞是个体潜意识下内心激烈冲突的一种

---

① 边界审美的主要特征是模糊性。
② 英语中用 shame（羞耻）合称羞与耻，有时也被译作害羞，这种合称会招致一些误解。
③ 艺术的定义是有意味的形式。而审美显然是某种脱离既有之状态形式事件，它主要是感性的，但同时是理性的、意志的。

外在表现、社会学家和一些儿童心理学家指出害羞是社会环境的必然产物、社会心理学家将之视作暗示的象征类型,[①] 它们也未能将羞与耻的现象分别开来。而马克斯·舍勒(Max Scheler)通过诠释德语中羞感(Schamgefühl)与羞(Scham)的差别——生命的形式感受及其道德化,为论说羞与耻的生命现象奠定了基础。

第一节　羞耻、性与生命强力

将羞耻与性首先关联在一起的并不是其词源,这一关联基于人们的日常生活经验。紧张、脸红、些许怯懦交织着期盼,人们自然联想到初恋的情境抑或性体验的场景。尽管这些羞耻的感受时常困扰主体继续行动,但它带有神秘的吸引力,让在者深刻体验到存在的"此性"。在此处存在,自我(此在)被暴露在共在之地,它揭示了某种存在者的赤裸状态。平等但羞耻,这是人的处境。所以,"与羞耻相关联的基本经验是被人看见,不恰当地说,是在错误的状态中,被错误的人看见。它直接同赤裸联系在一起,特别是在性关系中"[②]。换言之,在主体的场景错置中,自我的本有生命冲动与自身的存在结构——身体的和意识的形式——起了冲突。

按照西格蒙德·弗洛伊德(Sigmund Freud)的说法,这种自

[①] 当然,这五种观点并不能涵盖所有关于害羞的解释(津巴多:《害羞心理学》,段鑫星等译,中国人民大学出版社,2009年,第43页)。
[②] 威廉斯:《羞耻与必然性》,吴天岳译,北京大学出版社,2014年,第85~86页。

我的冲突首先表达在人的生理层面。即,一方面,性冲动在童年期不可能利用,因为生殖功能后延了,这便构成了潜伏期的主要特征;另一方面,这些冲动似乎又是倒错的,即它始于快感区和源自本能(从个体发展的角度看),但却只能产生不愉快的情感。结果,为有效地压制不愉快,便唤起了相反的心理力量(相反情感)——一种心理的堤坝:厌恶、羞耻与道德。① 道德情感的产生意味着,不适当的快感会自发通过延迟满足和结构性隐藏的方式取消其表达,在两性关系或主体(间)关系中,这种延迟或隐藏即交往的终止或沉默。所以,在真诚地身体结合时,道德情感会再次消解并融入快感这一基本审美形式中②,融贯的事件取消自身的结构性障碍。更具体地说,这种交合是羞感自然生长的结果:在生理学层面,羞感具有排除与不符合个体及其价值的生命相混合的可能性的功能,即它区分单纯的生殖和性爱。羞感本身在感觉上企求的,即让性隶属于一个生命整体,是一种牢固的生存形式。③ 它扩宽(快感和痛感共同作用的)了感觉的边界。

因此,回忆或预示某种刺激反应——不适感——的耻,在词义的扩展或演变中是回溯性的,它在语义的压抑中填充了某种难以被抹除的象征符号。羞耻(aidōs)的含义,显然与"耻"失去得体的

---

① 弗洛伊德:《爱情心理学》,车文博主编,九州出版社,2014年,第45页。
② 当然也可以伴有灵的交欢。
③ 换言之,性羞感是调节爱与性本能(马克思·舍勒:《道德意识中的怨恨与羞感》,刘小枫主编,罗悌伦、林克译,北京师范大学出版社,2017年,第177页)。

符号性能指①相关，作为指称生殖器的标准希腊词汇，② 它被强加了价值意味。与之相反，委婉语的使用③暗示了符号性能指过于强力的状况，以致人们无法直面其形象，此时委婉语即耻本身。这样，耻的偏义用法将羞置于发生学的背景中，其含义是遮蔽自己或躲起来。奥德修斯（Odysseus）羞于同瑙西卡（Nausicaa）的同伴裸身行走；当阿弗洛狄忒（Aphrodite）和阿瑞斯（Ares）被赫淮斯托斯（Hephaestus）的网捉奸在床（in flagrante delicto）无处可逃时，众神嘲笑两人的丑相，但女神们，"出于羞涩"（aidōi），待在家中。同样的词汇，荷马也会用来描述瑙西卡在想到向她父亲提起自己对婚姻的欲望时的尴尬，珀涅罗珀（Penelope）拒绝亲自出现在求婚者面前，忒提斯（Thetis）犹豫要不要去拜访众神。与之类似，但与性关系不大的是，奥德修斯为法伊阿基亚人会看见他流泪而感到尴尬或羞耻；此外，人们也可以把名词羞耻（aidōs）在演说家那里的一个孤例归到这个领域，当时伊索克拉底（Isocrates）说道，在过去，如果年轻人不得不穿过市场，他们这样做的时候会"带着极大的羞耻和尴尬"④，而这显然是一种失分，它揭示了某种未被预料的真实。所以，被不断扩大内涵和用法的是耻而非羞，前者在某种虚幻的、掩饰性的自我假象中不

---

① 此处能指不意味着音响形象，而是文字符号本身，其所指是符号的意义。
② 类似的用语在其他语言中也能找到，比如英语中的 pussy 既指女性的阴部，也有胆怯、羞涩的含义。
③ 比如用共赴云雨、*fille de joie* 来指称交合。
④ 威廉斯：《羞耻与必然性》，吴天岳译，北京大学出版社，2014年，第86~87页。

断增长。

当然，自我的溢出呈现出假象的特征根源于生命冲动之强力，它是强力被结构性压抑的后果。典型的例子是，"老处女"的温情欲、性冲动、生育欲都被压抑；正因为如此，"老处女"很少完全摆脱怨恨的毒害。所谓"正经古板"（这与真正的害羞不同），一般说来只是其变种极为繁多的性怨恨的一种特殊形式而已。在周遭环境中一再寻找颇具性意味的事件，以便对之做出严厉的负性价值判断，已成了许多老处女的姿态；翻来覆去地找碴儿，不过是转化为怨恨满足的性满足的终极形式罢了。[①] 怨恨是羞恼的极端且僵死的形式。

但一般情况下，羞恼仅与生命冲动的刺激性反应相关，即刺激程度若处于可接受的阈值，那么羞恼尚可转化为某种敏感的接受；而若这刺激过于强烈，以至于成为真正的羞辱并引起耻的反应，那么它很可能转化为怨怒、怨恨甚至是仇恨。所以，恋人间（或希望发展为恋人关系的人之间）的调情总是需要一种机巧的迂回，它要避开耻的范畴。因为即使在施虐－受虐[②]这一激进的羞恼的形式中，耻也是由于羞的参与而不致彻底崩溃并引起某种价值表象碎裂的快感。换言之，刺激作为可接受的暴力引起快感和不快双相情征，其

[①] 舍勒：《道德意识中的怨恨与羞感》，刘小枫主编，罗悌伦、林克译，北京师范大学出版社，2017年，第29页。
[②] 施虐是一种绵延的欲望动力，它不要求对象的内容，只要求其形式。而"心理的羞愧感，即连续性，不轻易从自我中舍弃具体的内容，属于受虐型"（魏宁格：《最后的事情》，温仁百译，译林出版社，2016年，第72页）。

初始或未发的形式即羞恼。且在根本上，羞的暴力性在于它直接引起对相似者的暴力，[①] 它揭示的是一种受保护的绝对异质——主体的隐秘。与之相对，耻是一种反应的、对抗的、抑制的情感，其强力带有复仇的特征，它会破坏主体或对象本身的结构。在力的不均衡中，性难以与精神病症无关。

当然，在发生学意义上，羞恼并非生命冲动的在先表达。人们很容易在紧张、推就与性兴奋中看到了某种惊人的相似性。就视觉观察而言，羞感带来的脸红、出汗、心跳加速等紧张的情态首先暗示了一种身体的退后性激动和预备性激情，在场景的预设和刺激的接受反应中，生命强力——力比多（libido）或欲力——转化为热烈的行动。换言之，此时自我是异于常态的强力者，而羞感是背景性的，它孕育这种力的运动的生成。紧张的情态、敏锐的感知作为羞感的预备和激情，将生命强力转化为炽热的审美欲望。唯独在回忆中，这种羞感的痕迹被重新发现并成为一种与耻相关的感受，舍勒称之为羞的懊悔的感觉并认为其是性生活中的最后一种形式。"这种羞感不具备某种预测、防护，以及阻止不是由挚爱引导的性结合的功能，而是出现在这种时候，即通过回顾的观照，人们发现违背了羞感在预测的意义上的要求。就其被直接体验的存在而言，这种羞感完全区别于预测的羞感。后者

[①] 亲密关系中尤其如此（雅各比：《杀戮欲：西方文化中的暴力根源》，姚建彬译，商务印书馆，2013年，第169～219页）。

之体验是温馨的,甚至常常富有乐趣;前者之体验则十分严酷无情,尤其偏重痛苦,它不是温馨的、身体的、附带着微微脸红的处女的羞怯,而是'灼人的羞怯'——它仿佛折磨和摧毁着生命与灵魂,并且始终与自我憎恨行动和对自己的生存的谴责行动联系在一起。"①

概言之,生命强力是无价值的,即使从中诞生了羞(美学)与耻(道德)两种复杂的意识形态②,但这在根本上只是范畴的分化:主体从中开出极端的状况并以之命名,色情狂和卫道士即两个极端。随之而来的是羞感与激情的根本关联,所以精明的人和年老的人或许对缺乏耻感不以为意——这当然称不上一种美德,但羞感不同,一旦它耗尽,生命已然迟暮。在亲密关系中,情侣的热恋消耗的是羞耻之激情,而分手者或被分手者不愿继续一种公开的新的关系往往是因为耻辱,后者是创伤性的。但创伤毕竟胜过冷漠,比如乌托邦这一理想的政治形态缺乏羞感,其中羞感的本真被纯粹的激情替代③,因此它摒弃荣誉这一政治人格。换言之,羞感规定人各个层面的本性。

---

① 舍勒:《道德意识中的怨恨与羞感》,刘小枫主编,罗悌伦、林克译,北京师范大学出版社,2017年,第269页。
② 在这个意义上,美与善一致。
③ 在内容上,激情确实是一种羞感的行之有效的替代物,它与强力相关,但表达形式略有不同。

第二节　羞耻、经验与自我

除生命强力外，羞耻的经验也诞生了某种自我意识。尤其在他者的（不仅身体层面的）目光中，赤裸，表达为被注视时的凝滞。凝滞或迟滞，意味着主体的暂离或被剥夺。因此，赤裸这种情形既是非常直接地体会到的，也是不同寻常的，此处所言称的主体的权力丧失，由现实的或假想的被他者注视构成。马克思·舍勒最早提出、加布里埃尔·泰勒（Gabriele Taylor）加以讨论的一个例子为这一点提供了有趣的注脚：一位画家的模特在给画家摆了一段时间姿势后，突然意识到画家某一刻不再把她看作模特，而是看作与性相关的对象，这时，她突然感到羞耻。泰勒通过引入另一个观者——想象中的观者——来解释这个案例，伯纳德·威廉斯（Bernard Williams）视之为权力的丧失[1]并宣称这是一种主体权力的被剥夺：她失去了模特的身份，出演戏剧时所置换的身份消失，不再处于身体在场而身份缺席的境况。主体意外裸露，而非单纯的躯体或职业身份，被人注视。身份装饰物或权力外壳失效了，由此她真正地暴露在充满欲望的眼神之前。真实的性欲的目光或想象中的另一主体的注视难以逃避，它们逼迫[2]主体直视自我的赤裸。

这样，自我的生成由他者的绝对在场构成，后者的目光使自我

---

[1] 威廉斯：《羞耻与必然性》，吴天岳译，北京大学出版社，2014年，第184页。
[2] 权力是逼迫性的，它总是预设一种使……被注视的情况。

在被注视中具有主体性,即使这一事件是压迫的。对此,雅克·德里达(Jacques Derrida)描述了一种被他者注视的经验:"在一只猫面前赤身裸体,我似乎为此感到羞耻,但也为(竟然在一只猫面前)产生羞耻感而感到羞耻。"① 我作为人的身份在猫面前竟然如此不值一提,且这种"间接得来的羞耻感,为自己感到羞耻而产生的羞耻的'镜像',一种经过反射的、毫无道理的、无法承认的羞耻感"② 竟然无法被舍弃掉。在这种境况中,自我被迫成为注视关系中的对象性的主体,甚至连单纯地以对象身份存在都无法做到。换言之,一旦自我意识到自身,尤其是在被迫的情况下,就再也无法真正脱离他者独在——替他人害羞作为共情的内容凸显个别的主体。

更进一步,按照舍勒所说,在某种意义上,羞感是对我们自己的感觉的一种形式,因此属于自我感觉的范围,这是羞感的实质。因为在任何羞感里都有一个事件发生,舍勒称之为"转回自我"。这一点尤其清晰地表现在这种时刻,一种指向外部的强烈兴趣先前排除了对自己的自我意识和感觉,随后羞感油然而生:穿漏点衣服的人被人指指点点、情人初尝禁果之后、内向的人做善事被表扬。③

---

① 雅克·德里达:《"故我在"的动物》,《生产(第三辑)》,汪民安主编,广东美术馆主办,广西师范大学出版社,2006年,第72页。
② 雅克·德里达:《"故我在"的动物》,《生产(第三辑)》,汪民安主编,广东美术馆主办,广西师范大学出版社,2006年,第72页。
③ 舍勒:《道德意识中的怨恨与羞感》,刘小枫主编,罗悌伦、林克译,北京师范大学出版社,2017年,第184页。

小孩子整体处于这个状态，他们的羞耻心在未唤醒时表达为一种强烈的好奇；而无耻的成人具备无视这种目光的能力，他们始终面对自我转向。因此可以说，每一种情感的心理模型都包含着内在化的人物（internalised figure）。在羞耻中，它是某个观察者或证人。而在罪责中，内在化的人物是某个受害者（victim）或执法者（enforcer）。① 道德意义上的羞耻加强了那种被压迫的体验，自尊由此出现。②

对此，加布里埃尔·泰勒很有见地地指出羞耻是自我保护的情感，在羞耻经验中，一个人的整个存在似乎被缩减或贬低了。在我的羞耻经验中，他者看到我的全部，看穿我的全部，哪怕羞耻出现在我的表面，例如在我的表情中；羞耻的表现无论是泛泛地来说，还是在尴尬（embarassment）这一具体形式中，都不仅仅是想要藏起来，想要把我的脸面藏起来，而是想要消失，想要离开此地。它甚至不是人们所说的想要钻到地缝里去的愿望，而是期盼着让我所占据的空间瞬间变得空空荡荡。在罪责那里，情形则不同。我更受这种想法的支配：即使我消失了，罪责也将跟着我。③ 罪责后在，但却永固；羞耻先在，可它容易消失。因此，使人有智慧、知善恶的果子并不带来罪，它将更丰富的生命开启在主体的相互注视中。

---

① 威廉斯：《羞耻与必然性》，吴天岳译，北京大学出版社，2014年，第183页。
② "自尊的一部分是原始的，即婴儿自恋的残余，另一部分源于个体经验证实了的'全能'（自我理想的实现），再一部分来自对象力比多的满足"（弗洛伊德：《爱情心理学》，车文博主编，北京：九州出版社，2014年，第184页）。
③ 威廉斯：《羞耻与必然性》，吴天岳译，北京大学出版社，2014年，第99页。

而意料之外的敞现、瞩目、被聚焦、收缩显然比惊慌、尴尬、无地自容、恐惧等更适合描述那种基本的、无（或少）道德含义的羞耻感受。

基于此，羞耻心的存在似乎暗示了某种先天的法则，它与激情、灵性具有根本性关联。因为谁将羞感看作某种纯粹后天养成的习惯，他自然就会认为，当一个赤身的女人含羞出现在我们眼前时，即使对她的内心体验一无所知，我们也可通过"移情作用"将自己的情感体验转移到一种感知内容之中：她身上那种羞态、拘谨和纯真"最初"只向我们呈现她的纯身体和身体构造的现象。可是，事情的发生其实相反，不是附加和增值，而是抽取和减值导致了这个女人单纯以身体、特别以性器官的出现而显现。其实在本来的感受中，那件天然的罩衣也已经被同时给定，即使我们在这个女人身上并没有情感成分，譬如当一个正常的男孩看见一个裸体女性的时候，它像一袭纯洁的轻纱罩在裸露的肉体上。如果后来在同样的情况下，那袭轻纱不见了，身体的物质出现在眼前，这正是一种减损，一种剥夺，是羞感功能不断丧失的结果。就观看者而言，不是赋予身体和身体的灵性导致了那种氛围，那种不可触动性和纯真的界限，而是或多或少负罪地剥夺本初的总体现象的灵性造成了对身体和身体现象的孤立感觉。就此而言，对现在或原本作为身体存在的女人身体的自然产生的厌恶，只是对于那种负罪的剥夺灵性的自然赔偿。无羞耻心就这样以厌恶自我惩罚，根据一种永远铭刻在我们心里的法则，任何恣意妄为也不能摧毁它。①

不难看出，舍勒仍旧认为道德完满是灵性的特定表达，因而罪是一种先天的减损。但无论如何，羞感都作为生命的激情形式而在，它并不拒斥罪感的生成，后者是一种护守。在根本上，羞辱是期待、准备充足却得到反向回应后自我诞生的情感。这意味着一个人无法真正羞辱另一个人，此人仅在自己的羞中感受到耻辱——一种怨恨的预备，"无耻之徒"很好地说明了这一点。同样，出自己身的羞通常造就脆弱而真切的关系，所以"情人的开诚布公往往完全禁不起批评……在被追求对象的那个封闭的世界里，无论是优点还是缺点都全部舒舒服服地隐藏起来。相比较，被情人所认识和了解却会带来羞愧的痛苦，因为人们由情人的眼中看到了自己的不完美"。② 换言之，羞的世界不仅是理想的，它甚至是幻象性的，其中真诚的期待被某种脆弱的想象代替，它再无力负担长久的美好意象。

这样，通过情感而意识到一个人是谁和他希望成为什么样的存在，羞耻就这样介于行为性格和后果之间，也介于伦理的要求和生活的其他方面之间。无论它起作用的对象是什么，它都要求一个内在化的他者。③

---

① 舍勒：《道德意识中的怨恨与羞感》，刘小枫主编，罗悌伦、林克译，北京师范大学出版社，2014年，第196~197页。
② 纳斯鲍姆：《善的脆弱性》，徐向东、陆萌译，译林出版社，2007年，第253~254页。
③ 威廉斯：《羞耻与必然性》，吴天岳译，北京大学出版社，2014年，第113页。

第三节　羞耻、心理与灵魂

害羞在字面上具有一种趣味的歧义，即将害理解为一种病症，它对应所谓的"羞耻"症状。害，伤也①，为某种破坏或损毁。作为动词，害表示产生某种不适之感或不安的情绪，害将羞病症化了。然而，羞本身并不指称这种病理状况，它反而描述一种优美的情态：人撑肘于案、以手托腮、思想远飘，情省相合。《说文解字注》载："羞，进献也。"②对美好事物的呈现内化于个体的姿态中，羞在本意上显然不能是一种耻。"掌王之食饮膳羞。"③羞，乃有滋味者。在情爱的层面，羞被引申为一种食、色相通的美物。唯美物难得、秒境无有时，羞才是一种耻、辱。"惟口起羞。"④耻，可以被理解为羞的失望。因此，无论对于羞耻感还是对于意识，分化（differentiation）都是不可或缺的，⑤它以盼望和绝望为差别。隔断情感及意识的预备，耻才是被生成物。

具体而言，在羞耻中，有两种意识呈现出来。其中，那单纯的、未分化的、激情而敏感的意识通常是羞的，而回转自身、悬停

---

① 许慎撰：《说文解字注》，段玉裁注，许惟贤整理，凤凰出版社，2007年，第597页。
② 许慎撰：《说文解字注》，段玉裁注，许惟贤整理，凤凰出版社，2007年，第1292页。
③ 《十三经注疏》整理委员会整理：《十三经注疏·周礼注疏（上下）》，李学勤主编，北京大学出版社，1999年，第79页。
④ 《十三经注疏》整理委员会整理：《十三经注疏·尚书正义》，李学勤主编，北京大学出版社，1999年，第250页。
⑤ 魏宁格：《性与性格》，肖聿译，北京联合出版公司，2013年，第220页。

于事物之前的节制者是耻。耻意味对生命冲动的压抑,压抑的本质则在于将某些东西从意识中移开并保持一定的距离。[①] 因此,只有极端的耻的意识才形成障碍,它在心理层面表现为:怯懦、惯常的窘迫、尴尬、难为情、自卑、焦虑、抑郁、自闭、恐惧甚至具有自杀或杀人倾向,等等。基于此,保罗·皮尔克尼斯(Paul Pikonnis)将害羞者分为两种基本类型:公众害羞型和私下害羞型。前者总是担心外在表现得不够好,后者总在为内在的心理感觉不好而担忧,[②] 它们都属于耻的意识。而在更具体的划分中,正村俊之(マサムラトシユキ)描述了羞耻与秘密的关系:感情性价值—秘密的暴露—怕生;规范性价值—自我理想性价值—秘密的暴露(反价值性秘密)—耻辱;规范性价值—相互作用性价值—秘密的暴露(完成性秘密)—羞耻,[③] 其中羞主要是情感性的,而耻与规范相关。与之类似,在希腊人那里,羞耻也被分为两种类型:表达内在的个人信念的羞耻和单纯跟随公众舆论的羞耻。即内在与外在,私人领域与公共领域,羞耻和名誉。[④] 斯巴达和古罗马首先把公众羞耻转化为个人羞耻:他们将沉浸欢乐、身体严重发胖的年轻人驱逐出城邦,或大庭广众之下处死角斗士,把犯错者置于公众的目光之下并标示出其罪恶。这些都和人的装束无关,裸体或烙印作为羞耻

---

① 弗洛伊德:《爱情心理学》,车文博主编:九州出版社,2014年,第218页。
② 津巴多:《害羞心理学》,段鑫星等译,中国人民大学出版社,2009年,第32页。
③ 正村俊之:《秘密和耻辱:日本社会的交流结构》,周维宏译,商务印书馆,2004年,第30页。
④ 威廉斯:《羞耻与必然性》,吴天岳译,北京大学出版社,2014年,第105~107页。

的标记仅在其具有显示耻辱本身时才起作用。随之而来的身体的灭绝与之结合,从而彻底将失分者或敌人的生命(包括社会性的、精神层面的生命)泯灭。

所以,想要从病态的耻感中解放,就必须依靠主体或对象的异化(以后者为甚):其中,绝对在的他者或自我逐渐隐没,而现成的、压迫性的伦理关系因此解体。典型的例子是,有人会在酗酒(自信、大胆乃至自恋)、吸毒(癫狂)、召妓(去意识化)中瓦解意识的压制,也有人通过沉湎于色情文学、影音作品中的乱伦、各种样式的性倒错①来满足那种对禁忌的向往。当然,并非所有耻感的解放都要以这种方式达成,其关键在建立一种双重的视线阻断机制:心理治疗中的戴面具疗法②就具有很好的效果。没有迫人的真实的观看,没有心理的觉察、逼问,赤裸便会逐渐摆脱那种耻的意识。而在更加特别的状态中,耻甚至是被摒弃者,比如极致的亲密关系会瓦解这种耻感,二者为一,没有他者或对象;两种注视合一为绝对主体的自由知在。相对地,纯粹的肉欲关系或许包括科幻作品中的精神性交——尽管它没有肉体结合的形式及超脱于伦理和肉欲的灵交——神交,都不被这种伦理关系限制。唯独在一般意义上社会关系和亲密关系中,他性尤其凸显。

因此,心理层面的视线往往更值得注意,因为它在真实的观看

---

① 在色情动画的特定类型中,可爱与性欲的反复使得其显得无比怪诞,这显然是一种性倒错。
② 津巴多:《害羞心理学》,段鑫星等译,中国人民大学出版社,2009年,第9~10页。

之外增添了一种心理情境。封闭的情境造成人的双重裸露：盲人的羞耻多在于心理的感知，而无过错者甚至有功者因情境本身被压抑——过多的关注、过高的赞誉、捧杀。所以，让他人丧失尊严并屈从，这要比赤身裸体更加羞耻，女主人不介意在男奴面前赤裸并甚至故意挑逗他的原因正在此。这要比单纯地羞辱更能激起人的欲望和强力，并残忍地将之扼杀。就此而言，动物被视作无羞耻心的，反而使人欣慰，因为它们既无需体会这种摧毁心理层面的羞耻所带来的快感，也不用扭曲灵魂。它们彻底拒绝了堕落。

当然，人们总体上还是乐意接受这种潜在危险的，因为在堕落的危险外，羞耻与灵魂的拯救或意识的超越相关。按照舍勒的说法，羞感本来的"所在"不外乎是一种活生生的联系，这种联系是精神（包括一切超动物性的活动：思维、观察、意愿、爱及其存在形式"位格"）以只是逐渐区别于动物[①]的生命本能和生命感觉在人身上发现的。人所特有的意识之光对于一切生命本能和生命需求的总体是一种多余现象，它已经基本摆脱了澄清生命外界可能做出反应的这种职能，只有当这种意识之光同时在存在上与某一生物的生命相联系，并且投射到该生命的冲动之上，才为羞感的本质设定了基本条件。[②] 换言之，羞感乃本真生命之溢出。

[①] 当然，动物并不是完全没有羞感的，它们起码具有第一种类型的意识。而在灵长类动物和亲人的哺乳动物（比如狗、猫、大象、猪）中，耻也具有雏形。
[②] 舍勒：《道德意识中的怨恨与羞感》，刘小枫主编，罗悌伦、林克译，北京师范大学出版社，2014 年，第 168～169 页。

生命若无匮乏，羞感与激情的一致对强力或冲动而言就是自然的，它以内蕴的冲突表达那种开放的预备。其结果是，不仅羞的现象在性生活的范围内起着一种引人注目的、在生物学上十分重要的作用——它吸引同类的注意并与身体的或意识的审美相关，而且羞感成为一种内在的关联：人在深处感到并知道自己是介于两种存在秩序和本质秩序之间的一道"桥梁"、一种"过渡"，他牢固地植根于这两种秩序之中，片刻也不能放弃它们，否则就不再成为"人"。① 在此桥梁和过渡的界限之处，"此在"因羞感而兴奋、颤栗；神和动物不会害羞，人却凭这涌动着的强力转换生命的情状。② 就此而言，禁欲的宗教生活视裸体和性爱为羞耻，显然与激情的内蕴及其灵性转化有关。因为一切追求灵魂超脱的想法都想将身体的激情和意志的专注转移到灵魂中，这样，一种灵与肉的敌对关系自然生成。羞耻划定了某种超越与堕落的界限，而"只要一种已经给定为更高的使命在那些与之对立的倾向上遭受挫折，就会出现羞感"③。

---

① 舍勒：《道德意识中的怨恨与羞感》，刘小枫主编，罗悌伦、林克译，北京师范大学出版社，2014 年，第 172 页。
② 包括身体的、意识的、灵魂的形态。
③ 舍勒：《道德意识中的怨恨与羞感》，刘小枫主编，罗悌伦、林克译，北京师范大学出版社，2014 年，第 283 页。

第四节　羞耻与性别

羞耻被归于灵魂的一个有利推论是：无论男女都分享同样的羞感，它是一种尚未分化的灵魂基质。其结果是人因性别而非性被划分为两种。其中，性代表的是生命冲动和意志，即性力、欲力；性别则是性的外在显现或表象，与性格相似，它们是性在不同层面（如生理、心理层面）的类型化。所以，在总体上，性别是性格的极端类型象征，而它们都出自性力之涵拟。① 并且，倘若人不再宣称男人与女人在灵魂本质上具有差别，那么对应的羞感就是共通的，如德尔图良（Tertullianus）所说："'不仅是女性，连男性也包括在内，对灵魂的拯救存在于羞耻心的表明。由于我们都是神的神殿，羞耻心就是这个神殿的看门人和祭司。他们不让任何不纯之物、不净之物内。因为他们害怕会伤害住在里面的神。'"② 更高者使性别的差异扁平甚至被抹除。

然而，即便如此，特别的类型化的羞感依旧使人着迷。它们不仅是审美的，而且在各个层面让人相信男女可以根据羞感之间的差别来进行区分。例如，弗里德里希·尼采（Friedrich Nietzsche）

---

① 魏宁格：《性与性格》，肖聿译，北京联合出版公司，2013年，第111～115页。
② 赫尔曼·施赖贝尔：《羞耻心的文化史　从缠腰布到比基尼》，辛进译，生活·读书·新知三联书店，1988年，第79页。

和许多其他人认为,与女人相比较,男人的羞感更纯贞、更明显;①而女人的羞感天生带有罪的意味——性与诱惑的直接相关导致了最初的过犯。此类观点的典型表述是:"你到女人那里去?别忘带你的鞭子!"② 不管是男人鞭笞女人还是女人鞭笞男人,它都需要一种破坏无力的道德的羞耻的暴力。魏宁格更是将它推至某种极端:"交媾(coitus)是对女人的最大羞辱,爱情则是对女人的最高推崇。"③ 女人当然可以是强力的、是超人,但这种强力需要从其已被消耗殆尽性别表象中再次惊醒。

因此,男女的羞耻表现确有不同,人们可以从其性格特征上体会到这种差别。例如,奥托·魏宁格(Otto Weininger)描述说,绝对没有歇斯底里倾向、绝对不受歇斯底里影响的女人,即绝对的悍妇型女人。因为她们绝不会因为丈夫倾泻的责骂而感到羞耻,无论丈夫的责骂多有道理。当一个女人面对丈夫的责难而脸红的时候,她会表现出歇斯底里的初期症状,但当一个女人独自脸红的时候,歇斯底里的症状却表现得最明显,因为唯有当她独处的时候,我们才能说她满脑子都是社会的价值标准。④ 就此而言,弗洛伊德在生理层面的解释有助于人们进行理解。"男女特性早在童年期就

---

① 舍勒:《道德意识中的怨恨与羞感》,刘小枫主编,罗悌伦、林克译,北京师范大学出版社,2017年,第277页。有关论述亦见尼采:《查拉图斯特拉如是说》,钱春绮译,生活·读书·新知三联书店,2014年,第70页。
② 尼采:《查拉图斯特拉如是说:译注本》,钱春绮译,生活·读书·新知三联书店,2014年,第72页。需注意的是,有关此句的解释非常多(或褒义或贬义,或现代或后现代)。
③ 魏宁格:《性与性格》,肖聿译,北京联合出版公司,2013年,第363页。
④ 魏宁格:《性与性格》,肖聿译,北京联合出版公司,2013年,第296页。

极易辨认出来。不过，在性压抑方面（羞怯、厌恶、同情等），女孩比男孩来得要早，且它受到的抵抗也较弱，女孩的性压抑倾向似乎更大，当性的组元本能出现时，也多采取被动形式。"[1] 而更深层次的心理原因是，她们（许多女性神经症患者）曾嫉妒其兄弟的男性生殖器，并因自己不具有它而感到自卑与羞辱（实际上是因为它太小）。这种"阴茎嫉羡"是"阉割情结"的一部分[2]，她们承受着双重的力比多的压抑。

所以，在情感表达和行为方式上，女人与男人的差别同样显著。按照魏宁格的说法，有的女人在别人面前哭泣，博取别人的同情，使悲苦与羞赧成为一种表演。女人能挑起陌生人的同情感，让人们跟她一起哭，并且对她产生比以前更多的怜悯。一个女人即使在独自哭泣的时候，也会想象她是在和她所认识、会可怜她的那些人一起哭，而想到那些人的同情，她的自我怜悯就更强烈了。这个说法并不算太过分，自我怜悯是女性一种显著的性格特点：一个女人会从自己联想到其他人，使自己成为他人的怜悯对象，然后马上深受感动，和人们一起为她这个可怜的人儿哭泣。而对有些男人来说，或许没有任何东西比一种情况更能激起他的羞耻感了，那就是他觉察到心中产生了自我怜悯这种冲动的时候。在自我怜悯这种心境里，主体已经变成了对象。其中存在一种强烈的节制感，一种几近于愧疚的感觉，这是因为我感到我朋友的境况比我更差，因为我

---

[1] 弗洛伊德：《爱情心理学》，车文博主编，九州出版社，2014年，第75页。
[2] 弗洛伊德：《爱情心理学》，车文博主编，九州出版社，2014年，第154页。

不是他，外界环境把我和他分开了。男人的同情是对个体自身感到羞愧的个体原理，因此，男人的同情节制有度，而女人的同情则咄咄逼人。①

然而，这种让人拍手称快（而另一些人会咬牙切齿）的论说并非无可置疑，人们很容易就能从自己所熟识的人中举出反例。比如，一些男子的同情是无节制的，而另一些独立的女性却具有强烈的理性气质，人们或多或少偏离所谓的典型人格——男人和女人。事实上，就魏宁格个体的写作而言，《性与性格》中的论说虽然精彩，却没有将作为人格类型之象征的性别观念贯彻到底，其中混杂了不少替代性的生理性征的阐述，因此其中有些论断值得商榷，甚至大为不妥。更有趣的是，根据现代心理学的研究，性别与害羞之间没有直接联系（起码在行为表现层面），比如在大学生中，害羞男生的比例要比女生略高，②且男性的害羞更容易在亲密关系中显露。所以，羞并不是一种性或性别特征，它是一种普遍的生命情感或心理情状，只是在女性身上更容易体现出来。但在根本上，羞感即对性力的感受本身。

第五节 羞耻、伦理与文化

有见地的想法藏于文本之间隙，此乃伟大作品的共有特征，于

---

① 魏宁格：《性与性格》，肖聿译，北京联合出版公司，2013年，第219页。
② 津巴多：《害羞心理学》，段鑫星等译，中国人民大学出版社，2009年，第16页。

魏宁格而言，这一描述无疑是恰当的。他有关女性情感的分析确实让我们反感，但有人仍会为其别有论说叩首，典型的例子是，魏宁格宣称："同情可以是一种伦理现象，可以是某种伦理的表现，但它完全是一种伦理行为，就像羞耻和骄傲的情感那样。"① 由情感演化为道德，羞耻的词义历史如此被道出：羞在他者与自我的注视中固化为情感、伦理之关系。因此，道德意义上的羞耻首先应是一个发生着的、主体历经其中的生命事件，它排斥任何先在的价值描述。"人们自古以来就对羞感持怀疑态度，讽刺揶揄，使其声名狼藉：羞感不过是对一种本能的虚荣心和对暴露自己弱点的恐惧的道德解释。"② 这类说法所体现的，乃是衰弱者、僵死者的意识及灵魂③的无能。毕竟，"只有罪犯才期待外在的奇迹，而道德之士会因外在的奇迹而感到羞耻，因为那样他会很被动"④。事实上，由羞感而生的道德体验总是双相的，如同对道德冷漠的不满和不容，自满和宽容也可能在同一个人身上体现和相互交替，这甚至构成规则。于是，自恨者成为伟大的自我观察者，而一切自我观察都是仇恨的表现。他们的口令是：抓住。他们最缺乏激情，因为他们充满羞愧感，激情于他们太过刺眼，令人难当。他们无法简单地言说，因为他们永远遭受自我的折磨，而如果他们应该表现激情，就必须对此

---

① 魏宁格：《性与性格》，肖聿译，北京联合出版公司，2013 年，第 197 页。
② 舍勒：《道德意识中的怨恨与羞感》，刘小枫主编，罗悌伦、林克译，北京师范大学出版社，2017 年，第 214 页。
③ 当然，有时也与身体相关。
④ 魏宁格：《最后的事情》，温仁百译，译林出版社，2016 年，第 75 页。

等折磨矢口否认。① 这种对抗使羞耻真正成为道德经验的复合体。

因此,衣服这种对抗性符号作为遮羞布,掩盖的不是性器官本身,而是一种不适或不足,后者在心理—道德层面被称为耻。有关这点可以从克里特的服装中看出来:女性的服装"腰以下穿着不太宽松,但剪裁精巧的钟型裙子,上身穿着短袖上装。这要在今天也可以称它为包列罗,但它的胸部和颈部是完全敞(敞)开的。在当时,没有完好、漂亮的胸部的女性那才丢人现眼呢。她们怕别人看到,索性大门不出,二门不迈了"②。同样的,赤身裸体在动物界或者原始生活中也与羞耻无关,它们可以只作为视觉对象而存在。纯粹对裸体产生的羞耻心只限于赤裸的身体上有缺陷或裸体的人有了过错以及暴露出肉体和道德的错点的场合。③ 这意味着,作为本质意义上的羞耻心的对象仅是应该蔑视的行为和不正经的情况,而这些都是道德对事件的价值性描述。少年提瑞西阿斯(Tiresias)因窥到女神雅典娜(Athena)和其母卡里克洛(Chariclo)的幽会而被羞怒的女神弄瞎双眼正说明了道德之耻的特定性和情境性,显然他不应见的是同性之恋而非女神或其母的赤裸身体。但羞无法被限定在特定情境中,它意外搅浑一切假想。

所以,即使作为道德情感,羞耻也不是纯粹的。稍微思虑,人

---

① 魏宁格:《最后的事情》,温仁百译,译林出版社,2016 年,第 33~34 页。
② 赫尔曼·施赖贝尔:《羞耻心的文化史 从缠腰布到比基尼》,辛进译,生活·读书·新知三联书店,1988 年,第 18 页。
③ 赫尔曼·施赖贝尔:《羞耻心的文化史 从缠腰布到比基尼》,辛进译,生活·读书·新知三联书店,1988 年,第 24 页。

们就能体会到那被掩藏之物：有一种无法抑制的强力首先在义愤中显露出来。在荷马（Homer）那里，一个人做了羞耻心本可阻止他去做的事情，对他的反应是活该（nemesis），这一反应根据具体的语境可以理解成震惊、鄙视、敌视，乃至正义的愤怒（righteous rage）、义愤（indignation）。活该的心理构成要素取决于与之相对的羞耻（aidōs）具体包含什么样的侵犯：当阿喀琉斯（Achilles）被描绘成活该受辱（aidoios nemesētos）时，这意味着他就像我们所熟悉的那样，很敏感于对他的荣誉的侵犯，而其他人的羞耻感应该阻止他们进行这样的侵犯。换言之，活该和羞耻本身可以出现在同一社会关系的两端，人们可以同时拥有对自己荣誉的清醒意识和对他人荣誉的尊重。当自己或别人的荣誉受到侵害时，人们普遍感到义愤或其他形式的愤怒，[①] 这是一种强力的共情形式。所以，指向正义或公义的羞耻实际上是以耻感为指导的：那人不该在这群体中，在我的视线内，它使道德共同体染污。在根本上，义愤以他我为对象，人、我于此道德境况中俱在。

与义愤大为不同的是，由羞主导的愤怒更加个体化，其表达形式通常为怨怼、仇恨和毁灭。[②] 在对象层面，愤怒针对与自我最为相关的个体或群体，旨在剥夺或重建对象的羞耻感，并使之与自我等同。所以，在极端的情况中，这种弥补性的自我保护情感甚至会

[①] 威廉斯：《羞耻与必然性》，吴天岳译，北京大学出版社，2014年，第88～89页。
[②] 义愤中也有毁灭的情绪，不过这种情绪多出于个人公义的无力，与大能者有关，如佛为教化难化之众生，遂现忿怒身以折服之。

转化为对肉体的灭绝，其目的是在绝对的无力中保护那残破的尊严，以使道德意识或灵魂存续。就此而言，侵略性的羞辱往往是诸多道德情感中最暴力的，它减损、踩踏他人的羞耻心，同时也不能增益自身。所以，其道德结构同无耻一致：无视、拒斥、玩弄他人，并以此为乐。无耻者不生愧疚，心中无异，故而无情。它在他人的整体减损中失去了自身的道德背景，并最终将自身对象化为无羞耻的物件。

事实上，除了破坏之强力，人们还在羞耻中感受到一种柔弱和爱感，即那被暴露之物在根本上呼求一种怜惜和珍视。这是本真、美好之物的共享事件，渴求一种结合或给予。这种显露怯生生、小心翼翼，探索其他的强力或软弱。在形式上，它是一种初生的道德。羞感与善，将柔弱物转化为一种审美。及孩而羞，始有美态。①

而在更深的层面，羞耻作为被舍弃物揭示了某些超越的情感，它们借着自由或爱达到解脱或慈悲之境。一方面，于世间解脱者，不为世俗善恶所限，其性为空，且不无故破坏俗世之道德。② 甚至，羞耻本身可做戒修要领："思择力，能与三处羞耻为伴。何等名为三处羞耻？一者、他处羞耻。谓作是思：若我作恶；当为世间有他心智诸佛世尊、若圣弟子、若诸天众信佛教者、共所诃毁。是名第一处思择力。二者、自处羞耻。谓作是思：若我作恶；定当为己深

---

① "我独泊兮其未兆，如婴儿之未孩。"（《老子道德经注校释》，王弼注，楼宇烈校释，中华书局，2008 年，第 46 页）
② 因救渡而坏德性，修者无咎，但仍需再修，以求解脱。

所诃毁。何有善人，为斯恶行。是名第二处增上力。三者、法处羞耻。谓作是思：我若作恶；便为障碍于善说法毗奈耶中所修梵行。此法若有；便坏梵行。是名第三处思择力。如是羞耻，当知三处以为增上。一、世增上，二、自增上，三、法增上。"① 羞耻，通达解脱，去耻②、澄明，无人无我，即自由。

另一方面，去羞③之爱被理解为慈悲，它是一种超越之爱的形式。慈悲者，悲天悯人，以爱人的方式，使人有而我无。因此，慈悲者的形象是不露强力的，即金刚现怒目身以降伏恶人，菩萨现慈眉貌以摄取善人。金刚怒目，所以降伏四魔。菩萨低眉，所以慈悲六道。慈悲者取消注目的压迫。与解脱相比，慈悲无疑更不具主体性，它将羞感转化为主体对生命赐予的温和接受。是故，爱的牺牲无需羞耻。

这样，难以（或勉强）接受他人之爱的羞耻和无力（或勉强）去爱人的羞耻都可被视作道德、性力与爱的惯常混合——两种赤裸居于其中，它们分别为羞感、耻感所主导。典型的，在日语中，かたじけない（诚惶诚恐）兼有"受辱"与"感激"两层意思，其义为：受到了特别的恩惠，因而感到羞愧和耻辱。④ 不配接受如此之恩，因而人们用这个词表示受恩时的羞愧，这是对注视、目光或关

---

① 朱芾煌：《法相辞典四册》，台湾商务印书馆，1939 年，第 853 页。
② 区别于无耻，去耻是悬置、超脱于羞耻心。
③ 区别于无羞，去羞是将羞耻心归真。
④ 本尼迪克特：《菊与刀：日本文化诸模式（增订版）》，吕万合、熊达云、王智新译，商务印书馆，2012 年，第 97 页。

注的回避，即使它是善意、有利的。与此同时，一个有趣的现象是：害羞不被认可，然而谦逊和矜持却是美德，看似矛盾的价值观却共存于东方文化，①它表明了道德范畴诸相的难以界定的特质。

所以，羞耻与罪的关系可能是反转的，即罪既是羞耻的产物，又与羞耻完全无关，比如大家都认可荷马的世界体现了一种羞耻文化，后来，羞耻的核心伦理作用为罪责所取代。②而鲁斯·本尼迪克特（Ruth Benedict）在分析日本文化时却说："真正的耻感文化依靠外部的强制力来做善行。真正的罪感文化则依靠罪恶感在内心的反应来做善行。羞耻是对别人批评的反应。一个人感到羞耻，是因为他或者被公开讥笑、排斥，或者他自己感觉被讥笑，不管是哪一种，羞耻感都是一种有效的强制力。但是，羞耻感要求有外人在场，至少要感觉到有外人在场。罪恶感则不是这样。有的民族中，名誉的含义就是按照自己心目中的理想自我而生活，这里，即使恶行未被人发觉，自己也会有罪恶感，而且这种罪恶感会因坦白忏悔而确实得到解脱。"③日本社会学家正村俊之对此的解释是："耻本身在是社会的脱逸的同时，也是对社会脱逸的制裁方式。因此，看上去是悖论式的但'不能出丑'这样的耻的制裁方式，只有在作为

---

① 津巴多:《害羞心理学》，段鑫星等译，中国人民大学出版社，2009年，第238页。
② 有些学者认为这一进程在柏拉图的时代或者甚至在悲剧创作者那里就已经大大推进。其他人则认为，就一个观念所包含的自由和自律而言，主宰整个希腊文化的种种观念更接近于羞耻，而不是一个完整的道德罪责观念；他们相信只有近代意识才能达致道德罪责（威廉斯:《羞耻与必然性》，吴天岳译，北京大学出版社，2014年，第5页）。
③ 本尼迪克特:《菊与刀：日本文化诸模式（增订版）》，吕万合、熊达云、王智新译，商务印书馆，2012年，第202页。

脱逸的耻多发的社会才有意义。因为如果耻是例外发生的现象的话,即使对这种脱逸加以制裁,其效果也是可想而知的。让耻发挥强烈的制裁方式功能的社会,其实也就是让耻结构性发生的社会。在这种社会里,'不要让人笑话'或'知耻'之类耻固有的制裁方式才会在秩序形成上有作用。"① 换言之,日本文化中的羞耻作为内在的生命强力的道德化,具有与罪感文化中罪意识的同样作用,它支撑着个人的情感秩序及整体的社会秩序。且无论如何,罪感文化也不能视羞耻为罪的表现。按舍勒的话说就是:"只要不是假文化,真正的文化绝不会使羞感减轻,而只会导致风俗习惯上的羞感表达的缓慢转化,从较强制的形式到较灵活的形式,从偏重身体的形式到偏重灵魂的形式。"② 因为,羞耻首先是生命的现实的作为。

第六节 羞耻、审美与本真

在词义学上,羞感的直接表达是羞涩。涩者,不滑,感知层面有所刺激。涩与羞感结合,即那种令人注目的审美形式:内蕴着的欲拒还迎。当一名女性表现出不一致的情态(比如愠怒和可爱,冷漠和娇羞)时,她反而更吸引人,其中,一种相对真实的、未被认

---

① 正村俊之:《秘密和耻辱:日本社会的交流结构》,周维宏译,商务印书馆,2004年,第49页。
② 舍勒:《道德意识中的怨恨与羞感》,刘小枫主编,罗悌伦、林克译,北京师范大学出版社,2017年,第258页。

知（掩盖）的东西在冲突中呈现出来。这种冲突迅速被目光捕捉，成为最引人注目的审美对象，人们从中发现审美感受的多样性，那种美感的变化在形式层面印证原初的本真和自由。所以，羞涩者，内具强力却外显情态，那种由身体发出的魅惑引起审美的双重性。猥亵癖只能想象肉体带来的快感，但常人却可模糊地直观到那种意识、灵魂的本真。在这个意义上，羞感以本真为核心，美即自由的象征。[1]

因此，对羞涩情态的审美体验一定是深层次的，它抑制单纯的肉欲本能，却增强人的爱。区别表演和本真的方法正是这样，好色之徒感受不到欲望的抑制，其所见"羞态"必然是色情的形式。根据舍勒所说，羞本身就是高贵的生命的特殊表达，它也只能诱使高贵的生命趋于爱。[2] 任何情色的逾越都是对羞感之美的侮辱。并且，就爱与高贵而言，没有任何灵魂体验比对羞的灵魂体验更为适合，它深刻流露出萌动的本真，允诺不曾预料的美，并在美中唤醒爱。所以，尽管在表达上，献媚具有某些与羞共同的东西——比如献媚的女人与害羞的女人一样"躲躲闪闪"，二者都是时而垂下目光，时而瞄人一眼——但是献媚不可能唤醒任何一种爱，它只是激起本能，不仅不呵护个体，反而会危及主体。[3] 这意味着，羞态的结合

---

[1] 高尔泰：《美是自由的象征》，人民文学出版社，1986 年。
[2] 舍勒：《道德意识中的怨恨与羞感》，刘小枫主编，罗悌伦、林克译，北京师范大学出版社，2017 年，第 218 页。
[3] 舍勒：《道德意识中的怨恨与羞感》，刘小枫主编，罗悌伦、林克译，北京师范大学出版社，2014 年，第 224 页。

于诸主体而言是有成就性的，而谄媚使个体沉沦，它单纯耗费涌动的激情。难怪有关本真的审美总是敌视肉体，它将美的形式赋在专注的意识、灵魂之上。"最好和最深的羞感首先表现在幻觉生活和愿望生活的'纯贞'之中，即在那种与意图和行动还根本无关的地方；它可以使纯贞者的真实达到'纯贞无瑕'的境界。'带保护膜的灵魂'首先不是以对自己'想入非非'的羞感反应，而是以绝不像无耻的灵魂那样'想入非非'来证明自己。"[1] 羞感拒绝谋划，它只自然生成。自发物，即本真之美。

更进一步，就人的自发物而言，可以成立一种臀部美学。它为人们展示了身体而非情色的美感。在汉语中，"屁"的文字结构十分形象[2]，不过其义却是隐喻的。屁，气下泄也，它描述的是一种生理动作，而"臀"在汉字中是会意字。在拉丁语系中，臀部一词有两个起源。其中，民间拉丁语词裂隙（fissa，fissus 的阴性名词单数形式）衍生出了臀部（fesse），而古典拉丁语词裂隙（fissum，fissus 的中性名词单数形式）发展出了沟缝（fente）。这意味着，从蒙昧时期以来就被看作肉鼓鼓、圆溜溜的词语，最终成了孔隙的本义。[3]

---

[1] 舍勒：《道德意识中的怨恨与羞感》，刘小枫主编，罗悌伦、林克译，北京师范大学出版社，2017年，第233页。
[2] 将屁视作双腿并坐之态显然更加生动，它描绘了一种真实的图像学，并展示某种侧倾的姿势。
[3] 缝隙的形态显然与生殖相关（亨尼希：《害羞的屁股：有关臀部的历史》，管筱明译，新星出版社，2011年，第99~100页）。

事实上，臀部正是由于腰部的内凹，才外凸得那么完美。臀部显示出一正一反的两个圆弧：脊骨越是弓起，臀部就越是突出。正如"行为退缩，则欲望增长"①。并且，腰对臀的凸显要胜过胸，它在背（反）面塑造一种隐秘的形象，且这隐秘暗示某种真诚。而正面的胸更带有哺育的意味——这与外阴的隐秘的、生殖的吸引②截然不同。换言之，与胸部相比，臀部是更去性征的部位。即使女性的臀比男性更加凸显，那也出于骨盆的作用。因此，原来装饰头部的羽毛饰，现在也可以倒过来装饰臀部。而臀部既可以得意洋洋地展示其伤痕或裂缝，也可以开洞扎眼，只是后一种情况比较少见。近来的"穿孔"潮流表明，有不少人在鼻翼或肚脐、耳廓、乳头、舌头、双唇、阴茎或外阴（弗朗斯·波莱尔说，最常见的是在阴道口，这是人体最野性的部位）穿孔，但在臀部或肛门穿孔的则很少。以至于常常被人判定为人体最羞怯部位的臀部，也被证实是人体最完好无损的部位。③ 所以，臀部的身体意义更加普遍（与之相比，男人的胸部显然只是一种装饰），它代表了一种复杂的性吸引，有女性对男人的臀部情有独钟正出于此。④ 除了圆润且柔软，臀部

---

① 亨尼希：《害羞的屁股：有关臀部的历史》，管筱明译，新星出版社，2011年，第54页。与此相关的是，在动作上，臀部的静态与动态的臀部分别意味着暗示与暗示的表达，且这种表达既是形态的，又是心理的。所以，只在臀部来来去去，处在运动或变化时偷窥者才有兴趣偷窥（亨尼希：《害羞的屁股：有关臀部的历史》，管筱明译，新星出版社，2011年，第261页）。

② 在生理—欲望意义上，胸是完全的明示，臀是明示的暗示，阴部是暗示着的明示。

③ 亨尼希：《害羞的屁股：有关臀部的历史》，管筱明译，新星出版社，2011年，第86页。

④ 亨尼希：《害羞的屁股：有关臀部的历史》，管筱明译，新星出版社，2011年，第178～179页。

比胸部更多了一种紧张与坚实,因而它是更加基本的。臀部的羞耻在某些方面与脸庞类似,其形状、颜色甚至引起人们生起击打它们的欲望。

总之,臀部让人快乐。它的丰满自有某种让人愉悦的东西,尤其是对一些难以满足的人来说。它给人以支持鼓舞,让人对前途生出信心。"将之摄入",摄入眼睛或是握在手中,会带来一种温柔与欣快的感受。① 人们很容易在婴儿②、柯基犬及家具上体会到这一点。因此,臀部的确产生了性意义之外的审美感受,它在形式上将羞耻纳入其中。

此外,需注意的是,可爱是混合本真与性欲的美感类型,所以它具有完全不同的指向。其表现是男人的害羞总指向一种童真,而女人的害羞总指向一种审美的吸引。虽然二者都与本真相关,但其内涵完全不一致:前者受想象和愿望影响,因而是回忆性的③,后者却是最直接的现成表达,它呼求一种回应而不是观看④。因此,可爱完全不是一种浅薄的情感。当然,可爱可以被扭曲,它在绝对欲望的支配下可以被视为性欲的驱动因素。比如,纯欲(又单纯又性感)显然是一种变态心理的表达,它在性虐中有显著的形式:萝

---

① 亨尼希:《害羞的屁股:有关臀部的历史》,管筱明译,新星出版社,2011年,第52页。
② 对于婴儿来说,其屁股正处于"纤维的收缩性与孩子固有的天真都处在顶点的时刻"(亨尼希:《害羞的屁股:有关臀部的历史》,管筱明译,新星出版社,2011年,第76页)。
③ 幼(孩)童之间不会产生这种可爱的感觉,它只与成熟的心理意识或灵魂相关,因为幼(孩)童本身是可爱的、本真的,他(她)们不需要回忆。
④ 这是成熟的意识或灵魂之间的交流方式。

莉欲望。在更深的层次，纯欲是一种难以自持的自恋者的掩饰，它把对自身的爱投射到性别转换和幼年幻想中。所谓萝莉实际上只是在他人的顺服中充实了自恋这一空乏之幻象。

而在艺术形式层面，宅舞[1]以可爱为目的，表现的不是一种羞感或本真，而是一种对本真的模仿——其中掺杂妩媚的诱惑。反而在新手、意外表演者、被迫表演者那里，羞感更加真实，它于生涩、不情愿和表演术的无能中生成。有时，那些不以羞耻为意的舞蹈叙事会激发一种羞的情感，它在生命强力的肢体转换中被自然流露出来。因此，羞并不必然与可爱相关。宅舞和热舞这一对风格迥异（如身体姿态、背景音乐类型）的舞蹈类型的共通之处印证了这一点：它们在目的（引起喜爱）、场景（仅作为背景）、叙事手法（简单或无叙事）方面，都展现感觉的表象。所以，羞感或本真无法作为目的被表演，而只能在艺术作品的自身扩展中自然流露，它反对类型的谋划。

基于此，另一种以可爱为主要表达的流行文化形式——虚拟偶像——的肤浅和做作丝毫不出意料。它基本上是理想的对象人格的电子技术化[2]，其羞涩表现是外形上的。卡通化、幼稚化当然能够带来可爱的审美感受，但它与成熟的、本真的羞感无关。可爱作为

---

[1] 宅舞是一项源于日本 NicoNico 动画的试跳区，并与 ACGN 文化有关的舞蹈活动，"宅"字意味着日常（家）、自娱自乐，它是传统交往舞蹈（庆典、宗教）和舞台舞蹈（艺术）的羞涩形式。以此为范例的意义在于，它是较为普遍、大众的艺术形式，人们容易从中得到审美体验。

[2] 另一种形式是现实中的智能生命或赛博人。

表演，是对本真的模仿，它引起的是观看、观赏而非共情。甚至虚拟偶像本身由于生命形态（AI）必然缺乏一种真正的羞耻体验，其替代形式（由人扮演）也在纯粹的商业表演中主动剔除这种无（或者低）商业价值的真实情绪。换言之，虚拟偶像可以是无羞耻心的，一切与羞相关的图像表达——与迎客女郎的职业妩媚类似，故作娇羞的姿态、酡红的面孔、躲闪的眼神、后退的身躯、嗔怒、闭眼、交叉双手、紧拽裙摆、不安地扭动、转身后回望、半掩面庞甚至突如其来的轻柔且生涩的吻——都可转换为最有效率的经济谋划。唯独在虚拟偶像的初生处，一种属于创建者的羞感真正表达在程序成功运动并得到他人认可的赞美中：个体的、隐秘的对二次元人物的爱（弗洛伊德大概会将之称为性倒错，并认为这与性力比多在家庭和社会中的双重压抑相关）被置于公共空间并得到分享。概言之，（作为作品的）虚拟者唯独在无法虚拟处呈现羞感。

本真在羞耻的审美中显露，羞耻由此具备了形而上的含义：它是生命冲动原初且普遍的形式化，由它散发出性力之美感，并且生成一种反身的道德。因此，人的内在规定在于羞而非耻，羞感作为内蕴之强力反对纯化或还原的审美和道德。且在此意义上，羞耻与服饰的关系由审美争端引起，即一种权力的审美要胜过自然引起的天性。但衣服作为装饰性符号，其主要功能是突出本真的美感，与羞相关。所以，过于招摇、暴露或者封闭、死板的样式都会使人产生审美上的厌倦甚至厌恶，如同压抑力比多会引发相应的情感－

道德。

  而在更深层面,灵魂的羞涩与敬畏、谦卑相关。只有当宗教使自己的对象日益精神化,并由此揭示那些为不可触动的现象和奥秘现象所笼罩的、更古老更直观的神秘事物之观念,神话题材和宗教的对象世界的题材对于雕塑、绘画和悲剧领域里的艺术家才是可塑的。①"半掩门"交通生死,容纳悲愁企盼,成为最深刻的生命之羞涩。艺术由此与宗教相通:它们寻求那最本真且最切身之物。

---

① 舍勒:《道德意识中的怨恨与羞感》,刘小枫主编,罗悌伦、林克译,北京师范大学出版社,2014年,第199~200页。

第三章 论 瘾

长久以来，身体的政治学一直相信这样一个传言：有一个幽灵，身体的幽灵，在理智的周遭鬼魅般地游荡。为了对这个幽灵进行神圣的围剿，旧理智的一切势力——意识和心灵、知觉和感觉、情感的浪漫派和意志的激进派——都联合起来，它们翻找身体的每一处关节点、每一种结构功能系统、每一个运行着的细胞，以求发现这幽灵的踪迹并断绝其来源。然而，这行动最终失败了。在理智主义帮扶下成立的身体只能发布如此警告：在免疫系统隐秘的角落里、在排泄器官的垃圾站中、在神经元网络的梢触上、在符号系统的边缘，被称作"瘾"的幽灵秘密地潜伏着，它有着不可告人的秘密，一旦发现，务必立即上报并远离。意料之中的是，被通缉的幽灵"瘾"从未被捕获，它不时现身且能从容离去；意料之外的是，身体最终取消了对"瘾"的追捕，据说是因为理智相信了"上帝之死"的传说。这样，身体的政治学从专权走向了自治。

第一节 瘾的病理学

以传言和故事的语词描述"瘾"，根源在于，作为边缘的生命现象，瘾即使在科学或者学术研究的话语体系中，也未能取得去价值化的对象地位。文化传统对瘾的道德断言很大程度上来自瘾对价值系统的道德表象的破坏，即价值对自身的不断言说使自我权力化、政治化，而瘾作为价值自我追求的内在机制，被迫取消了工具层面的合法性。所以，在道德范畴中瘾是可耻的，可耻意味着瘾即使作为道德表象的生成者，也只能隐匿在道德的诸种表象之下。作为一种内在的、倾向于过度的冲动，瘾在道德话语和个体生命中，如幽灵般若隐若现。

而根据"瘾"的系谱学考察，addiction（瘾、成瘾）一词最初仅指一种倾向，其词源拉丁词 addicere 并没有"被绑定"（bound to）或"被奴役"（enslaved by）的含义。addicere 是 dicere 的复合词，dicere 意指言说（to say），ad-dicere 引申为指向（appoint）、选定（designate）、偏爱（prefer）、沉浸（devote）、谴责（condemn）等。过多地言说以致在社会层面呈现出病态，addicere 在司法实践中表达为做假证，而在生理层面，addicere 显然与某些表达为难以自控地讲话的症状有关，这让人很容易就联想到辩论术的泛滥及其在政治、司法中的滥用。"住嘴吧！"你已经说话成瘾了！言说的行为成为身体的习惯而非意识的活动，addiction 一词的隐喻成了现实——说话而非说话者，成了身体的主体。话语的对象化和物质化直接导致了心理层面"瘾"的形成——机械地、无休止地渴求特定事物的倾向。因此，即使在病理学的定义中，addiction 一词的含义也是复杂的——物质成瘾、行为成瘾等。"瘾"的非物质化使用，在解释学的层面暗含瘾的去规定性：一旦停止对瘾的言说，瘾就不再沉迷于在言辞中自我陶醉。瘾的自我解放，发生在历史话语的消解中。

然而，对瘾的言说的确难以禁止，留存在身体和意识中的痕迹（imprint，也作"印痕"）时刻不停地呼唤主体进行重复、摹刻，痕迹的自我压刻在不断地破坏性重复中产生快感。躁动—平静、瘙痒—疼痛—释放，感觉的刺激和舒缓的迭代产生一种诡异的净化效应，瘾在感觉张力的冲突之间将自身圣化。由此，被压制在感觉表象下的冲动最终以破坏性重复的方式达成愿望——不要整体的专权，要个体的专权，身体成为欲望冲突的场域。所以，瘾的原初表达确实是身体性的。"寸口脉迟而缓，迟则为寒，缓则为虚，荣缓则为亡血，卫缓则为中风。邪气中经，则身痒而瘾疹。心气不足，邪气入中，则胸满而短气。"① 又言："脉浮而大，浮为风虚，大为气强，风气相搏，必成瘾疹，身体为痒，痒者为泄风，久久为痂癞。"② 痒为瘾之感觉表象，瘾为痒之内求，痒以自身的破碎呼唤瘾的释放。肉体层面的皮外小起、心理层面的躁动和骚动，以欲求的方式表征瘾的到来。瘾的症状性表现呈现内在倾向的动力学。

作为病征的"瘾"，通常以身体或意识对某事物、行为的着迷、难以抑制导致的对其他活动、功能的忽略、障碍和损害为表征。在病理的类型学分析中，机遇成瘾、③ 创伤成瘾、依恋成瘾分别指向主体在社会关系中的自我异变、应激封闭和外向粘连。外在和内在因素共同导致的欲望的无节制和任意扩散，使瘾呈现出滥用和错乱

---

① 张机：《金匮要略论注》，台湾商务印书馆影印文渊阁《四库全书》本，第0734册，第44～45页，标点符号为笔者所加。
② 朱橚：《普济方》，台湾商务印书馆影印文渊阁《四库全书》本，第0751册，第257页，标点符号为笔者所加。
③ 机遇包括遗传、多巴胺功能紊乱、人格、性别、自控能力的发展、管理负性倾向、隐私和羞愧感、原生家庭、性教育及青春期孤独这几个因素。

两种主要状态。在网络成瘾现象[①]的研究中，研究者普遍倾向从瘾的行为特征和结果事态进行定义。如"Griffiths（1998）认为，网络成瘾象计算机成瘾一样，是一种技术性成瘾，它是行为成瘾（如强迫性赌博）的一个子类。Young（1996）以病理性赌博为模型，把病态因特网使用定义为一种没有麻醉作用的冲动控制障碍；Kandell（1998）则将其定义为'一种对因特网的心理依赖，而不考虑使用者登录到因特网上以后做什么'。Peter Mtchell（2000）认为，网络成瘾障碍是一种：'强迫性的过度使用网络以及剥夺上网行为之后出现的焦躁和情绪性行为'。我国台湾学者周倩（1999）……将网络成瘾障碍定义为：'由于重复使用网络所导致的一种慢性或周期性的着迷状态，并带来难以抗拒的再度使用网络的欲望。同时产生想要增加使用时间的张力与耐受性以及克制、退瘾等现象，对于上网所带来的快感一直有心理和生理上的依赖。'"[②]欲望的强烈内在冲动、强迫性和依赖性并存、对内容和环境相当程度的忽视，瘾的这些特征抽空或排斥了一切意义和多样性的表达：重复，唯独重复能满足单纯重复的需求。在场的只有既往对象、被重复物、一般生活的表象，印痕中的他性再也无法被发现。在这个意义上，性瘾（sexual addiction）作为一种性行为模式，与网络成瘾、药物成瘾等并无本质不同，有性瘾的人是以强迫性的、不能控

[①] 称之为"网络成瘾"（internet addiction，简称 IA）或"网络成瘾症"（internet addiction disorder，简称 IAD）或"病态网络使用"（pathological internet use，简称 PIU）。
[②] 顾海根：《国外网络成瘾研究简介》，《外国中小学教育》，2005 年第 9 期，第 31 页。

制的滥交、自慰及杂乱的婚外性行为为特征的。① 主体的意识与身体对抗的暧昧性（意志与身体的对抗在根本上不可能），戒断的非身体特征（切除性器官的人依然具有意愿），共同揭示了瘾的精神特性——作为一种精神活动，瘾是感觉、知觉和理性的固有样式之一。帕特里克·卡恩斯（Patrick Carnes）把性瘾看成是一种渐进式的精神错乱②，意指的正是性作为潜意识的生活选择，过度地呈现在稳定且受规训的生活世界中。

由此，对无聊、焦虑、抑郁、孤独、死亡的逃离，对好奇、愉悦、亲密的寻求成为瘾的心理成因，而去沉浸、去享乐、去忘记也作为主体的生命主题存在。具言之，潜意识的快感痕迹，在口唇期、肛门期、性器期、潜伏期和生殖期的各个阶段都被回忆起来；镜子阶段的自我认知机制成为一切认识的参照物；重复在符号回忆中占据主体，感觉和知觉器官是被悬置空场的容器，身体的言说转化为街头的政治宣传语。沉沦的身体很快就被对象化了。于是，感觉寻求、③ 柯立芝效应、多巴胺、脑奖赏机制、DeltaFosB 蛋白，④

---

① Martin P. Levine, Richard R. Troiden, "The Myth of Sexual Compulsivity", in *Journal of Sex Research*, 1988, 25（3）：347—363, 此部分为笔者翻译。
② Patrick Carnes, *Out of the Shadows*：*Understanding Sexual Addiction*, Hazelden Publishing, 1994, 此部分为笔者翻译。
③ 感觉寻求（Sensation Seeking）是一种寻求变化、奇异和复杂的感觉或体验的人格特质。感觉寻求倾向较显著的人希望使自己时刻保持较高水平的唤醒状态，并为此寻求不断变换的新异体验。当类似或相同的刺激重复出现时，这种人立刻会感到厌烦，反应速度也会大为减慢。
④ DeltaFosB 在进化上的功用是驱使人们"拿到越多越好"，它是我们对食物和交配放纵的机制。

共同激活了"成瘾机器",在"成瘾机器"的脱敏反应、① 敏化反应、② 脑前额叶功能退化③中,人的行为被制度化、工业化生产。运转,重复运转、破坏性地重复运转,身体的持续行动和无法分神逐渐将心理感知的在场驱逐。意义消失了,唯一的剩余物就是无限运作的机器,它不断重复自身的路轨。

需要注意的是,作为一种内在的、倾向于过度的冲动,瘾并不意味着必然有某种特定行为的发生。神经科学的研究已经证实,参与药物成瘾的神经回路与学习和记忆关系密切,药物成瘾与学习和记忆有很多共通的细胞和分子机制,它们的分子通路会聚到一起。④ 神经科学将成瘾的病征归结为记忆在成瘾的特定行为习惯中会遭到扭曲,常规记忆的边界遭到选择性的破坏。所以,作为潜在可能、内在活力的瘾在未过度的状况下,实际上是生命冲动的形式之一;而瘾的发生则是人应当接受的人的生命的有限性和破坏性。

---

① 脱敏反应(desensitization)("麻木的快感反应"):多巴胺与多巴胺(D2)受体水平下降,导致成瘾者对快感反应下降,使得他们对能提升多巴胺的事物更加"饥饿"。
② 敏化反应(sensitization)("对快感的超级记忆"):重新编制的神经链接使成瘾者的奖赏机制对于与成瘾物相关的提示和想法更加敏感。这种巴甫洛夫式的记忆使成瘾物在上瘾者眼中比其他事物更有吸引力。
③ 脑前额叶功能退化(hypofrontality)("意志侵蚀"):脑前额叶灰质和白质的改变使成瘾者冲动控制能力和预知后果能力减少。
④ 王浩然、高祥荣、张开镐等:《药物成瘾及成瘾记忆的研究现状》,《生理科学进展》,2003年第 34 卷第 3 期,第 202~206 页。

第二节　瘾的文化学

道德将内在的、倾向于过度的冲动视为耻辱，原因在于瘾总是将道德表象的易碎和虚伪暴露在外。情感关系中的弱者、单恋者，在合法的道德语境中，比酗酒、吸毒可悲得多。无条件的服侍、卑微的恳求、受虐，一种无法抑制自身、突破了边界的冲动，抽空并逃离了意义的体系，道德话语由此沦为纯粹的符号。道德化的情感在意义的增殖异变中转化为非道德的买卖。利用、不公平的交易、功能的增殖，在被强迫中依赖他物的主体失去了动力的方向。异化、扭曲成为瘾的文化学特征。

然而，瘾的异化和扭曲并不能在辩证〔尤其是弗里德里希·黑格尔（Friedrich Hegel）的辩证法〕的意义上进行理解，基督教神学中的三一论辩证和黑格尔哲学所遵循的绝对精神辩证都坚持的自我异化的逻辑——神（或绝对精神）化身为人的逻辑，并没有取消意义本身。换言之，辩证的异化在根本上是意义的转换、语义的更新，被扭曲者仍在符号的边界之中，这不是纯粹的失去，而是主动的变形。在神与人的关系上，自我异化的逻辑结构具有典型性，尽管费尔巴哈颠倒了黑格尔主词和宾词的关系，将其视作人的异化，但人神关系或神人关系的辩证没有导致一种压迫性、破坏性的绝对人学或绝对神学的产生。在这个意义上，赫斯和施蒂纳等黑格尔左派将费尔巴哈的宗教异化理论应用到了政治、经济、社会等领域①，实际上只是扩展了意义结构转化的应用范围。具言之，人将契约的整体外化为政治权利构成了国家，将活动的内部生产、交换关系外化为货币和资本。法律、社会本身作为人的关系的秩序化，浸透在人对正义的解释中，文化成为意义的统一体。没有意义的增殖和灭亡，有的只是意义的转换和覆盖，自我异化的逻辑将一切与人相关的事物转化为异态的人的符号。所以，黑格尔的"绝对精神"、费尔巴哈和赫斯的"人"和"类本质"，都只是主体和客体在神、国家、政治、法律、货币中的转换，异化此时言称意义的更新，而非扭曲或异变。在根本上，自我的异化是走向他者的，而他者在意义的扭转中成全自我。

由此，非转化意义上的异化，基于自身增殖的畸变产生的自我的扭曲，成为瘾的文化符号。其中，没有转换的发生，唯一在场者乃是在重复中被消解的意义。在卡尔·马克思（Karl Marx）描述的劳动异化中，第一规定"物象的异化"（Entfremdung der Sache）、第二规定"自我的异化"、第三规定"类本质的异化"都是从特定的主体即"劳动者"（Arbeiter）与自身的关系出发的，人分别转化为或融入自己的劳动产品或者自然和物象、自身的劳动过程和劳动活动、自身的类本质之中。意义的个体被取代、被覆盖、被吸收，真正的扭曲发生在第四规定"人同人的相异"中："人同

---

① 此处指摩西·赫斯（Moses Hess）、麦克斯·施蒂纳（Max Stirner）、路德维希·费尔巴哈（Ludwig Feuerbach）。

自己的劳动产品、自己的生命活动、自己的类本质相异化的直接结果就是人同人相异化。"[1] 人在自我的封闭中隔绝了意义的诞生。在这个意义上，人的劳动内在蕴含了瘾的特性，当劳动使自身成为操作、"操心"使自身成为"操劳"，生产性的便成为非生产性的。生产预设消耗及享受的目的，如马克思所言，"不论是生产本身内部的人的活动的交换，还是人的产品的相互交换，都相当于类活动和类享受（Gattungsgenuß）——它们的现实的、有意识的、真正的存在是社会的活动和社会的享受。因为人的本质是人的真正的共同存在性（Gemeinwesen），所以人通过发挥自己本质，创造、生产人的共同本质（Gemeinwesen）、社会本质"[2]，但非生产却取消了劳动的意义转化。耗费和扭转（Verwindung）成为社会经济内在运转的两种核心模式。

按照乔治·巴塔耶（Georges Bataille）的观点，耗费是力比多过度的非生产性消耗，[3] 在社会领域，战争是最有影响的耗费事件。针对二十世纪的两次世界大战，巴塔耶宣称，"过量的工业是最近的战争特别是一战的起源，这个观点有时遭到否定。然而，这两次战争流出的，正是这种过量；这种过量的规模赋予战争以非凡的强

---

[1] 中共中央马克思恩格斯列宁斯大林著作编译局编译：《马克思恩格斯全集（第三卷）》，人民出版社，2002年，第274页。
[2] 韩立新：《〈穆勒评注〉中的交往异化：马克思的转折点——马克思〈詹姆斯·穆勒《政治经济学原理》一书摘要〉研究》，《现代哲学》，2007年第5期，第6页。
[3] 巴塔耶将之称为"普遍经济学"。

度"①。十九世纪以来，工业化的巨大发展和部分地区的相对和平积累的巨大的能量没有在自我增殖中被平衡地消耗，社会系统便采用了战争这种最为激进、最为便捷，同时也能最大限度消耗过剩能量的形式来寻求新的平衡。耗费取消意义的生产，战争正是意义机器土壤被摧毁的过程。而在自然生物领域，有机体不断的能量积累首先以生产预备的方式保留了多余的能量——如个头的成长、体重的增加，在到达一定阶段后，生命体的生长减缓，过剩的能量自然转化为性成熟的骚动，在生殖活动意味着有机体从个体生长到集体生长的一种转换受到限制的情况下，性的享受成为独立的耗费事件。吃、性、死，三种不同形式的活动大肆挥霍着多余的能量，耗费成为意义过度的自然终结。

在《被诅咒的部分（Ⅰ耗费）》中，巴塔耶先后讲述了阿兹特克部落的献祭与战争以及北美太平洋沿岸原始部落的夸富宴、伊斯兰教和喇嘛教、资本主义的起源和宗教改革以及资本主义世界、苏联的工业化和美国的马歇尔计划等。在这一系列标题下，巴塔耶考察了占据人类活动大部分领域的宗教、军事等非生产性的活动，而这些活动也都是奢华的具体体现。只是随着资本主义社会的诞生，人类社会才以工业发展的方式容纳了越来越多的能量，但是，这种对能量的积聚并非没有极限，适时而主动地以奢华的方式释放过剩能量是维持社会平衡和持续发展的明智选择，马歇尔计划就是这种

---

① Georges Bataille. *La Part Maudite*, *Précédé de la Notion de Dépense*. Les Éditions de Minuit, 1967. p. 63. 此处为笔者翻译。

选择的代表。在巴塔耶其他相关作品中，也关注了色情、诗歌、文学艺术等一系列不能用经济价值计量的人类经验，这些经验是在个人身上消耗能量的奢华表现。对于这些经验，我们不应该用资本主义的价值观和思维方式去判断和衡量，而应该从普遍经济学的角度看到其作为生命能量释放渠道的必然性，看到其平衡能量的重要意义。①

由此，让·鲍德里亚（Jean Baudrillard）批判的资本在生产、分配、交换、消费的全过程之中无止境地贪欲性增殖的消费社会，②正是资本"瘾"化后的经济过度。而普遍经济学中的耗费成为资本无限增殖的事件性界限，在意义缺席的非生产性消耗中，主体重新划定自身的存在范畴。生产的积累、意义的增殖，成为非生产的土壤和背景；耗费，以非生产性隐秘地支持生产的持存。与耗费相比，扭转——无目的的意义生产——在能量过度产生的爆炸废墟中生长出新的意义，也更具有后现代诠释学的气质：不是谋划而是体验，成为复归的话语的基础。于是，瘾的文化学不仅在经济、政治、宗教的合法奢华、耗费中得到了阐明，而且在后现代的"上帝之死"、多元、异质、碎片化中有所表现。"瘾"内在支撑着事件的发生，并在未沉沦、毁灭的主体的意识和无意识中被阻止。瘾，成为文化发生的动力。

此处需注意的是，瘾作为一种内在的、倾向于过度的冲动，从

---

① 杨威：《巴塔耶耗费思想探要》，复旦大学博士论文，2012年，第44页。
② 鲍德里亚：《生产之镜》，仰海峰译，中央编译出版社，2005年。

未预设自身的停缓或消亡,它忽视节制。因此,瘾的极端状况是极为常见的。吸毒致死、经济危机、政治革命、宗教战争,任何一种由瘾的异化导致的主体灭亡事件的发生都是可能的。其结果是,耗费的耗费是嗜食症,是自残、是性瘾,在饱胀的呕吐、自虐的恐惧、性交的疼痛中,一种无可取代、无法终止的身体或意识的习惯进程成为病理性的瘾症。反向的表征——积食、腹水、虚无感、暴力的躁动、遗精、自慰等,既是瘾的发展又是其抑制,表象的破灭或消解,决定了瘾的事件进程。在瘾的威胁中存在,是此在的基本生存样态之一。

第三节 瘾的哲学人类学

瘾作为创造、生产的冲动和活力,在根本上与意义相关,这意义既是主体的持存,又是主体的消解。主体在场,过度的意义在非生产的活动(尤其是享乐)中被耗费;主体隐没,意义在崩溃的废墟之中自由生长(生活世界中的清醒或空灵)。于是,在意义的悬置中,耗费以消减的方式寻回或放弃主体;而扭转,则在意义遗迹中以游牧与祭奠的方式长成新的主体。其结果是,在存在论层面,瘾作为操心的无限延续,关照着沉沦;而作为一种边缘的生命现象,瘾将自身的合法基础建立在生命的痕迹之上。被忆起、被重新言说、被固化,瘾乃是痕迹之痕迹。哲学人类学将瘾视为生命痕迹的自我认知,各式各样的话语构成瘾的生命诠释。

在根本上，瘾的强迫性和依赖性由痕迹的自我重复倾向构成，潜在冲动在事件的发展中成为一种习惯、习俗的力。当痕迹将自身作为对象时，这力就成为唯一的、不可取消的源头；① 而一旦内在的活力过度，在向我转换中取消意义的边界，那么它就被自身强迫着沉沦在回忆构成的幻想中。酗酒的依赖、愉悦的沉湎，无非是印痕的自我满足，此时主体已经无法回到交往的关系中；他者，交谈的、宽恕的他者，在痕迹的循环自我认知中被挤出、被忽视。于是，在饱胀和耗费的过程中，意义被还原为纯粹的对象，它一直积累却无法减除，一直损耗却无法停止。爆裂、干涸，痕迹在意义的消亡中最终隐匿。痕迹不再显明，生产的和非生产的意义不再诞生，生命走向沉默。唯有他者，在主体的沉默和不在场中悄然唤起痕迹。

所以，意义的诞生总与他者相关。在他者的关照下，痕迹成为一种踪迹（trace）。痕迹的生命特征即差异性（différence）在踪迹的游戏中被解构成意义的废墟，在无意义的纯然在场中、在无器官的身体中，他者成为主体的唯一标识。

> 一个间隙必然把现在与非现在区别开来，这样现在才能成为现在，但这个构成了现在的间隙必须同样把现在自身区别开来，据此和现在一起把根据现在而被思考的一切

---

① 弗洛伊德用"强迫性重复"来描述无意识的运动。

区别开来，也就是说，把我们的形而上学语言中的每一个存在、每一个实在或主体都区别开来。这个间隙在构成自身之时，在能动地区别自身之时，是可以称之为空间区隔（spacing）的东西，即时间的生成空间，或空间的生成时间（temporization）。正是现在的这种构成，即作为"原始的"、不可简约为非简单的……各种标识的综合，保留或预持的踪迹……我称之为 différance（延异）。它同时既是空间区隔又是时间分隔……因此，差异是由延异生产出来的——推延出来的。①

意义的废墟，废墟的游牧，在遗迹的建造中，主体重新发现痕迹。痕迹的发现便是生命、意义的诞生事件，雅克·德里达（Jacques Derrida）把"事件"理解为：它把人与存在联系在一起，且以这样的方式联系，它既可以呈现自己，又可以消除自己。在此，存在成为存在的踪迹，这个踪迹必然是存在被记录又被抹去的痕迹，因而，它是一种自我消解的记录。这样，生命的痕迹在废墟中而非虚无中升起，他者隐喻了痕迹。

在吉尔·德勒兹（Gilles Deleuze）的理解中，差异只有在被驯服时才是可被考虑的。换言之，差异只有在服从表现的四个铁项圈——概念的同一、谓语的反对、判断的类比、感知的相似——

---

① 沃尔夫莱：《批评关键词：文学与文化理论》，陈永国译，北京大学出版社，2015年，第80页。

时，它才能被捕捉。① 意义的诞生为差异的显明提供了承载物，这承载物正是生命的痕迹。所以，在意义的诞生和不断生产中存在的差异与重复的一致性，实际表明了痕迹的两种倾向：他者和自身、淡化和持存。差异与踪迹的三种关系——序差的、倾斜的和逃逸的——在痕迹的存在状况中被表达出来。具言之，首先，序差的差异是与重复根本关联的差异，差异的被驯服、被表现，暗示了差异的停留、重复，序差的差异可被具化、被追溯，它的极致形式是数学中被公式化的极限公式。其次，倾斜的差异是内在绵延的、在无底的棋盘和意义废墟中升起的难以揣度的差异。它是在活力溢出时发生的真正的扭转，意义不断生成、转化，而不是在饱胀中崩溃、在耗费中陨灭。它不仅是空间的，而且是时间的，且这里的时间和空间没有向度的规定。倾斜的发生，在力的溢出中成就游牧者的迁徙。最后，逃逸的差异是完全异质、从不停歇的。任何有关逃逸的差异的言说都是徒劳的。如德里达所言，被区隔原始生成的差异在踪迹的游戏中留下痕迹，但这痕迹绝不可能被追溯、被复制，它只能在人的回忆和想象中瞥见。这样，瘾作为生命痕迹的活动事件，在根本上与差异相关。差异在生命中表征为痕迹，与重复性的持存，形成了存在的张力。差异与重复生成了人类的存在现象学，其中瘾成为威胁差异的存在的幽灵。

在美学领域，印痕在艺术作品中具现为木刻、镌刻、蚀刻、石

---

① Gilles Deleuze, *Différence et répétition*, Presses Universitaires de France, 1993, p. 337，此部分为笔者翻译。

印、照相和摄影等媒介，复制的美在工艺和艺术之间的游荡使后现代的艺术成为可能。瓦尔特·本雅明（Walter Benjamin）在《机械复制时代的艺术作品》中阐明了印痕的差异—重复美学：对艺术品的机械复制较之于原来的作品还表现出一些创新。这种创新在历史进程中断断续续地被接受，且相隔一段时间才有一些创新，但创新却一次比一次强烈。[①] 差异在技术中的凸显，使重复的机械进程在枯燥的运作中骤然缩短。由此，技术复制达到了这样一个水准，它不仅能复制一切传世的艺术品，从而以其影响经受了最深刻的变化，而且它还在艺术处理方式中为自己获得了一席之地。在研究这一水准时，最富有启发意义的是它的两种不同功能——对艺术品的复制和电影艺术——是彼此渗透的。[②] 金汤宝罐头、可口可乐、美元钞票、蒙娜丽莎像及玛丽莲·梦露（Marilyn Monroe）头像，安迪·沃霍尔（Andy Warhol）用重复这一艺术语言书写被扭转成差异的大众图像——个体的重复被重复构成的整体与个体之间的张力冲突覆盖。重复的美学在同一的偏差中被生成。

扬·阿斯曼（Jan Assmann）对文化记忆的研究回应了有关印痕的重复—差异的解释学，他认为作为痕迹的文本在不断差异的重复解释中成为文化传统的仪式和法律。"因为文本被奉为正典，相关的人群就有义务回忆它。文化记忆术构成了宗教的基石；原来的献祭仪式转化为祈祷礼拜。'你们要回忆！'这个命令涉及两个层

---

① 本雅明：《机械复制时代的艺术作品》，王才勇译，中国城市出版社，2001年，第5页。
② 本雅明：《机械复制时代的艺术作品》，王才勇译，中国城市出版社，2001年，第7页。

面，一是与盟约相关的法律，以色列人在任何情况下都要丝毫不差地遵守这些法律，另一个则是以色列人要回忆自己的历史，因为这段历史是所有那些法律的基石并说明他们为何绝不能脱离它们。法律借助这个历史获得其意义。"① 痕迹成为历史生命的根基，在集体的文化和记忆在不断的自我重复，过去解释的差异性成为当下历史的幽灵。历史解释的瘾在历史学者和市民规训中内在地躁动着，"所有的群体都遵循具有奠基意义的历史之轨迹生活，他们所有行为的秩序和方向都决定于此。我们把这个原理称为神话动力。所有的历史都能够为当下投射出光线，其光亮延伸到了未来的空间，人们能够借此确定未来行动的方向并知道可以胸怀怎样的期盼"②。由此，瘾的历史成为生命的历史，它鼓动着人的血脉并镌刻在人的身体之中。

作为一种内在的、倾向于过度的冲动，瘾在身体之中重复并差异地运转着，并最终成为身体与场域的裁决者。无论是作为文化的尺度和划分点，作为真理、确定性和必然性的存在场所，还是作为不可被其表征通约的自在物③，身体都在诠释着自身无可压抑的活

---

① 阿斯曼：《文化记忆：早期高级文化中的文字、回忆和政治身份》，金寿福、黄晓晨译，北京大学出版社，2015年，第321页。
② 阿斯曼：《文化记忆：早期高级文化中的文字、回忆和政治身份》，金寿福、黄晓晨译，北京大学出版社，2015年，第322页。
③ 汪民安编：《后身体：文化、权力和生命政治学》，吉林人民出版社，2003年，第120～124页。

力。在身体的修炼中，道教将活力的重复积累或称气的规律运转造就的差异性超越称为出神[1]，《养生秘录》载："能守真一，真气自凝，阴神自聚。盖以一心运诸气，气住则神住，真积力久，功行满圆，然后调神出壳也。能守真一，真气自凝，阳神自聚。盖以一心运诸气，气住则神住，真积力久，功行满圆，然后调神出谷也。"[2]由此，瘾作为人的内在冲动，在绝对差异的层面与神圣相关。瘾，乃是此在的一种基本生存样态。

---

[1] 当然，瘾在修炼中并非总是有益的，恰恰相反，瘾带来的破坏和伤害更多，如走火入魔等。
[2] 谷，指谷神。

第四章　论亲切

被置放在人周遭的物件通常是装饰所用，挂在墙面的画作、橱柜上的摆件、桌面的盆栽，皆是如此。并且，人们习惯将最实用、最经济性的物品放在手头，它们构成生活的器物网络，两种类型的物品由此形成器物的观赏——上手结构。而那些既可观赏又可上手的物件在其中最为瞩目：取消被观赏物（或艺术品）与观赏者的距离、去艺术化甚至亵渎艺术，它们生产审美体验的阻碍或歧感，装饰物由此愈发贴近世俗和肉身，变得轻浮、色情。人们对可接近的①喜爱之人（或物）会同时产生爱护和操纵的意愿能很好地证明一点：审美情感的实用性，它由迫近的、参与性的主体意志主导。然而，即便如此，被耗费的欲望和审美情感也并非单纯的身体或视觉表象，它们孕育着深刻的生命关联物，隐微的联系同时在其中诞生。"老物件"惹人唏嘘，看上去暴露的手办②给人以亲切感，付丧神③展现怨怒，这些上手物在观赏距离的再次生成中具有了他性，审美的生产——耗费机器中的脱落物，恰好成为最本真的东西——它们有时被称为艺术品或杰作，并在情感层面与灵魂相关。

---

① 生活层面是空间上的（如家庭），观赏层面是视觉上的（电影、综艺、视频平台），文本层面是情感上的（小说、动漫）。
② 手办也称人形或 figure，指现代的收藏性人物模型。
③ 付丧神为日本的妖怪传说概念，指器物放置百年无人理会，就会吸收天地精华、积聚怨念或感受佛性、灵力而得灵魂化成妖怪。

第一节　亲切与玩具

在弗洛伊德的精神分析理论看来，被"把握"和"玩弄"的玩具被视作儿童尚未具备生殖功能的阳具的象征物。[①] 儿童在探索自己的身体时，会发现赘余部分，并与之戏耍。但由于得不到积极的回应，戏耍的结果是无聊的：既没有审美的视觉要素被唤醒，也没有与审美相关的刺激被生成，只有某种好奇被填充其中。其结果是，被把玩的身体部位无法产生审美情感，唯独在脱离身体的整体无意识在场后，一种重新面向自身的意向才构成与自身的情感关系。

因此，玩具成为上手物，首先意味着它已与生殖符号脱离。即使与性有所关联，也只在审美层面发生。它出自成熟的、对象性的、关系性的审美欲求。

当然，玩具的审美情感并不被限制在色情之中，其关联物贯穿整个人类生活。典型的例子是，民间传承下来的施彩泥塑玩具一般具有巫术的意味，如北京地区的"兔（儿）爷"就源自中秋节的祭兔风俗，[②] 它在祭祀时是神灵，事后则变为玩具。与之类似，不倒翁与生

[①] 比如扳指和核桃在精神分析中可被视作包皮和睾丸（弗洛伊德：《弗洛伊德文集》，车文博主编，长春出版社，2004年，第24页）。
[②] 李露露编：《图说中国传统玩具与游戏》，世界图书出版西安公司，2005年，第24～25页。

命相关，其形象多是老人或寿星，"不倒"乃是一种持存的隐喻。泥人娃娃是祈子仪式的产物，它起暂时替代的功能，一旦孩童降生，泥人娃娃的替代功能即消失了。那种情感上的亲切被真实的生命分享，娃娃玩偶成为一种回忆和记号，并与孩童在形式上进行了融合。在生命层面，玩具的拟人显然意在形成一种主体间的关系。

此外，也有玩具是以游戏为目的的，比如市场上贩卖的陶塑、瓷塑，或者大人、孩童编制的草木和纸品玩具，它们以戏乐为功能，而这种戏乐能激起人们初级的审美情感。愉悦、乐趣、满足被耗费在物的上手中，一旦物本身被把握，这种初级的情感便会走向无聊。情感耗费的极端形式是食物类玩具，其中上手物激起的审美情感和衍生关系在实在的味觉体验（糖人、面花）中被迅速消耗，且食欲会占据玩乐本身，[①] 后者是同一性的事件。布制或木制玩具这种可以长久陪伴的物件反而在非同化的、异质的亲昵的间距中成为情感关系的对象，其中，珍视和对话成就了陪伴之事件及亲切之感受。事实上，情感衍生关系诞生的条件本就是异质性平等，它在绝对差异中生成亲切。而亲切显然是无法被消耗者，它乃是生产—耗费机器中的脱落物。

这样，亲切感的核心就是悖论性的，即亲切虽置身审美情感的体验中，但它不被直接激起；反而在审美情感的断裂处，在在场的边缘，亲切感以续接的方式生成。这种续接是温和的、回忆的甚至

[①] 当然，也存在相反的情况，玩具的食物功能被其审美价值和情感关系性取代。

是感慨的，主体与自身距离被拉大，此间形成一种注视关系。因此，唯有已度过苦厄且不会再深陷其中之人才会对相似的情境心生亲近。同样，亲切的形象学杜绝那种巫术中的明艳、怪诞、戏剧性，后者拒绝平等对话，意味是禁忌或神圣；而面具中虽有凶恶、温和、慈悲、夸张、歧感，却唯独缺乏亲切，它们开启的是新的审美情感。所以，亲切不是一种表层的、激发性的审美要素，热情、可爱、慈祥给人以亲密、温和感，在根本上不过是由于这些感觉有利于本真关系之表露。对婴孩的渴望在外形的复仿或象征中被赋予娃娃玩具，形似最能唤起亲切的感受，亲切此时是渴望的自我确定之情绪。而在渴望的理想中，完美的婴孩形象唤起了某种别样的审美情感，可爱、淘气、聪慧综合为一种预设特征，人们对尤达宝宝（Baby Yoda）的普遍喜爱说明了这一点。此时，亲切显然与模仿者对原型的回转相关。因此，越是夸张的表现激发的越是新的形式的意味而非固有之情感。民间美术装饰纹样中"以色扶形"的艺术话语正是如此：神像、面具、戏剧玩偶反而不如玩具棒棒人更显亲密，后者是真正嵌入日常生活之中的。①

所以，亲切的美学意味尤其显露在审美距离的重新生成中。再精彩绝伦的作品，若是无法在单独的审美感受之外构建新的情感关系，也只是被观赏者。把玩，此时是渗入性的，情感关系随着触摸和品鉴浸入物品，一种情感的印痕被深刻其中；再次注视艺术品

---

① 庙会和节庆在日常生活中毕竟是少数。

时，被观赏者在时间维度中接续情感而非单独的审美关系。在这个意义上，把玩是一种对话而非审视，上手的含义乃是全面切近。"对皮尔思维模式来说，最本质的却是交谈的特殊交换形式——强调观者的体验，而非对绘画的阐释［explication］。对话是对于绘画'引导观者进入交谈'这一论点的合理形式，并且它激发了一种假设，即在被绘画所震撼的状态下产生了交谈，或是由交谈所引发。"[①] 交谈由身体开启，上手或创作真正与艺术的审美情感相关联。

就创作的形式来说，玩具或手工艺品的制作并不比艺术品的诞生更少具有情感要素，由于传统艺术（如绘画、雕塑）相对难以入手，前者对情感关系的表达更为普遍、显著，诸如乐高玩具、手办等可上手物，由于缺乏艺术品创作时的灵感和概念临在，更倾向于以情感价值弥补审美价值的不足，审美情感此时是混杂的。孩童更加看重亲手制作的泥娃娃（泥人、泥塑）与情侣珍藏"丑陋但可爱"的手工艺品都表明了这一点。人们会对自己的作品感到亲切，因为其中不仅有审美的自我转向，而且这是回忆冲动的必然逻辑，不断呈现的审美要素此时会唤起共在之情境。观赏的情感价值的共在是外向的，但参与性的情感价值却指向了自身，它与被观赏者距离在审美感受的被漠视或冗余中被重新生成。所以，手办和玩具作

[①] 韦斯特兰娜·阿尔珀斯：《制造鲁本斯》，龚之允译，商务印书馆，2019年，第74页。

为艺术品而在的时间并不多，它们通常是上手物①。

当然，朴实敦厚的质感和易于上手的操作性也能够引起亲切，在表达情感和承载情绪方面，上手物和艺术品都是如此。玩具的色调、氛围、材质、形状都与审美感受的类型相关，这些元素作为媒介，它们是主体性情感的激发物。在玩具中，布料与其他媒材相比更显亲切，它可与人密切接触而不损毁，布本身即是亲密的象征②，这一关系是根本性的。而就创作本身而言，制作器物的过程，从头到尾都是与材料交流的过程，在与材料的相遇相知中我们创造出新。在这个过程里，我们能从材料身上感受到一种超越物质、近似于人格的东西，有时甚至仿佛能从材料中触摸到神域。③ 人与媒材的合一，在某种程度上是灵性的。因为唯独倚靠这种无碍感受，绝对的差异才是可共通的。制作的本质，此时被理解为创造性关系的实现，亲切感可于其中诞生。换言之，作品的媒介和审美事件都是刺激物，其目的皆在筛去可被消耗的产品。

由此，原发性的审美感受和情感于亲切而言并非决定性的，它们的作用往往是刺激、激发或开启对话。"在以假乱真、欺骗和引诱观者进入交谈的意义上，人们可将华托（Jean-Antoine Watteau）最具特色的作品《热尔尚的商店招牌》视为典型。德·皮尔在他交

---

① 当然，二者之间也有差别。例如，玩具（游戏之载体）旨在引起趣味，展开对话，但手办并不在此列。后者没有构建一个直白的互动剧场或乐园，它更多引起想象与回忆。
② 皮肤和拥抱。
③ 赤木明登：《造物有灵且美》，蕾克译，湖南美术出版社，2015年，第93页。

谈式的文章中所推崇的那种可以被表述为趣味的社交实践的绘画表现显现其中——华托代表了观赏、交谈的乐趣,他致力于把艺术的价值识别为一种情欲交流的欢愉。"① 这样,暴露的手办玩具并不只表现为拥有者或收藏者的身体欲望,在审美感受层面,它们附着那些无法被耗费的内在情感的本有②、神圣或禁忌之物。

第二节 亲切与身体

亲切在身体中呈现唤醒的结构。对这一表述的理解是:身体由于始终在场,无法凭自己生成意向差别,并借此激发相应的审美情感。因之,对身体部分或整体感到亲切总是异样的,它暗示了某种认知的阻碍或人格的断裂,一种精神分裂的现象在自我对己身的持久关注中呈现出来。那喀索斯(Νάρκισσος)爱上自己的倒影显然是这种分裂的极端状况,自恋病征的初期进程直接被跨越,对倒影的亲切感直接被炽热的爱欲③更替。人们很难想象对自己的倒影"一见钟情"的情景。在更一般的状况中,自恋者首先惊异于自身的形象,一种亲近的异质审美感体验被激起,并且这种体验不断向幻想延伸,它最终成就绝对的异质物。所以,自恋者的情感体验通常是渐进的,其所爱者脆弱,后者甚至无法承受同一性的认知。即使脆

---

① 韦斯特兰娜·阿尔珀斯:《制造鲁本斯》,龚之允译,商务印书馆,2019年,第76页。
② 本有的内在情感即对生命、存在本身的情感,它无法被替代、消耗。
③ 由于一直不曾见过自己的脸,这种被压抑的情感极为躁动。

弱本身意味着差别本性消弭的威胁，自恋者的脆弱也是加剧的，它同时将自身建立在永恒的幻想之上。

因此，无论是病态的自恋还是常态的亲密都是被唤起的，它们都诞生在器质身体的绝对在场之外。按莫利斯的说法，亲密的意思就是接近，每当两人身体接触时就发生了亲密行为。无论是握手或是性交，拍拍背或扇耳光，修指甲或开刀，都在此列，它们具有身体接触的性质。两人肌肤接触时总会有特殊的感觉，这种特殊的感觉即所谓亲密感。[1] 与之相较，亲切感指的是另一种感受，人们在不是那么切近的位置觉察到某种本有距离的压缩、消弭，时间和空间在特定的情境中被挤压，心与心直接关照。一种新的关系生成在距离的涌动中，时间此时是绵延的。而色情和魅惑难以做到这一点，与之相关的亲密只能逐渐靠紧，即使物理距离过度，它也只是肉体性的。由此，肉体与灵性似乎在距离的类型上有所区分，前者服从于物理空间的规则，后者却打开了另一维度。灵性的触碰是肉体觉知的异质，它带来了恒久的亲切感受。

在心理学的定义中，亲密和亲切更加侧重对主体情感关系的描绘。比如亲密感（feeling of intimacy）指的是个体与知己者融洽相处时的情感体验，包括与父母、兄弟姐妹之间的亲情，男女之间的爱情和朋友之间的友情等。有此情感体验者感到自己能与他人进行有效接触和交流，感到他人对自己的关注和爱护，也感到自己是被

---

[1] 德斯蒙德·莫利斯：《亲密行为》，何道宽译，上海译文出版社，2021年，序言第1页。

人需要的、有价值的，生活是幸福的。埃里克·埃里克森（Erik Erikson）认为，这是个体心理社会性发展的第六个阶段，即亲密对孤独阶段（18~24岁）可能形成的积极品质，能使个体承担起社会责任和义务，遵循道德规范，必要时为他人做出牺牲和让步。[1] 不难看出，个体心理学和行为主义心理学并不注重情感的内在体验，它们更倾向以外在作为描述情感拥有者的内在感受，所以对亲切感的认知往往是匮乏的。其结果是亲切感（cordial feeling）被定义为"人们对面临的各种社会关系持喜欢态度而产生的亲热、友好的情感体验"[2]，与友谊感、同志感类似，它是一种相互交往的积极的相关的道德情感，能使人心心相印，形成和谐友好的气氛。这样，亲切就被外在化、符号化了。

当然，亲切本身确实在心理层面有所表达，例如在英语中，亲切（cordial）就与心相关，它拉丁语的词源为 *cordialis*，其基本含义是从属于心：由衷而强烈的感受，热情而友好的气氛，温和、亲近，心表征主体的生命境况，而心之间的照面由此衍生情感上的相会。[3] 与之相对，亲密（intimacy），它是多层次的：在肉体层面是肌肤相亲、在心理层面是亲密、在技术层面则意味着精通，亲密拉近上手物或观赏物与主体的距离。换言之，亲密所描述的是既有关系之实态，它是即时性的；而亲切在外扩展为一切与心相关的事物

---

[1] 林崇德、杨治良、黄希庭主编：《心理学大辞典》，上海教育出版社，2004年，第932页。
[2] 林崇德、杨治良、黄希庭主编：《心理学大辞典》，上海教育出版社，2004年，第933页。
[3] 想念是亲切的预设、纪念是亲切的符号。

同时向内指向灵魂，所以它既是"镇定药"又是味觉的调剂品——果味甜饮料，让人产生最基本的愉悦。亲切是具有审美性的，它生成亲密之外的情感。

事实上，亲切的内涵本就更加丰富，其义有三。一是指文义贴切、诠释得体，它描述符号及修辞、实词及摹状词的一致关联。"克去己私以复乎礼，则私欲不留，而天理之本然者得矣。若但制而不行，则是未有拔去病根之意，而容其潜藏隐伏于胸中也。岂克己求仁之谓哉？学者察于二者之间，则其所以求仁之功，益亲切而无渗漏矣。"[1] 合乎本意，纳一致性于差别之言说，亲切即无限的贴靠。二是指切身的行动，主体通过切近对象究其本有，所谓"格物"即是如此。亲身践行，对象的他在性及真性被发现，绝对的差别至此敞开。"切问者，亲切问于己所学未悟之事，不泛滥问之也。近思者，思己所未能及之事，不远思也。"[2] 三是指情感体验之事态，它生发在亲密关系中，却并非确定的情绪表现。其特征是去稳固化，即亲切无法永远在场，它代表了情感之忆起本身。"黛玉感戴不尽，以后便亦如宝钗之呼，连宝钗前亦直以姐姐呼之，宝琴前直以妹妹呼之，俨似同胞共出，较诸人更似亲切。"[3] 一种情境描述性的关系如此表达，亲切成为主体生命的具现之物。作为情感现

---

[1] 朱熹：《大学》，台湾商务印书馆影印文渊阁《四库全书》本，第 0197 册，第 066 页，此处标点为笔者所加。
[2] 何晏：《论语注疏》，台湾商务印书馆影印文渊阁《四库全书》本，第 0195 册，第 703 页，此处标点为笔者所加。
[3] 曹雪芹、高鹗：《红楼梦》，人民文学出版社，2005 年，第 797 页。

象，亲切乃差别的结构文本（亲切可以在现实生活和舞台故事之间共鸣，它们都是忆起的，但文本本身毕竟是差别的）。

这样，亲切的身体学彻底是对话的、交往的，主体时刻被卷入身体语言的符号学之中。就行为表现而言，哭闹和微笑是亲密关系诞生的双重结构，其延伸表达是眼泪和拥抱，[1] 身体以排泄物（如吐痰）或美好的情态显露意愿。微笑使人感到亲切的原因正在此：即使在肉体层面没有切近、紧靠，但微笑打开了心灵交通的可能。当然，这一事件也可以是外在的，人们会对陌生人产生奇妙的亲切感证实了这一点。亲切可由外在的形象引起，在这一层面，它是审美的结果。与此同时，身体的情态本就是审美的对象，它可被视作身体认知功能的延伸。比如，苗条的女孩子是视觉上欣赏的体形——这是凝视、触摸、亲吻和爱恋的体形。更丰满的成熟女子体形是多年厮守、相爱的体形。也许，这里的变化是理想的视觉体形向理想的触摸体形的变化，[2] 呈现了生理层面的审美要素。与之相较，给人亲切感的体形却没有固定的类型，人们只在长相"有福气"或最为大众的人那里发现了端倪。将乐呵或善意固定在面庞上的人（慈眉善目）给人的亲切感是道德上的，具有引起审美的功能；而最具普遍特征的人不引人厌恶则暗指了一种审美的潜意识。换言之，身体带来的亲切感是衍生物，在基本的生命结构之外。孩

---

[1] 德斯蒙德·莫利斯：《亲密行为》，何道宽译，上海译文出版社，2021年，第13～16页。
[2] 德斯蒙德·莫利斯：《亲密行为》，何道宽译，上海译文出版社，2021年，第44页。

童让人觉察天真，老人让人感到亲切，生命与死亡对身体审美类型的塑造正是在这种生命的回转注视中无限地被完成。

第三节　亲切与建筑

在《强力意志》中，尼采以"艺术生理学刍论"为标题做了一个梗概。其中，"建筑艺术属于何者"① 这一议题被尼采列入此艺术理论要解决的范畴。然而，令人遗憾的是，尼采并未在零碎的写作中系统地对此问题做出诠释，但将建筑置于（艺术）生理学之下，身体觉知与审美情感的结构性一致也在某种程度上有所体现。根据海德格尔的解读，尼采的这一理论旨在寻求艺术的实在整体。

> 宏伟风格之艺术是一种单纯的宁静，它来自于对生命之最高丰满的自持与支配。它是生命的原始解放而又有所节制；它是可怕的对立而又是单纯的统一；它是生长之丰满又是稀世之物的永恒。凡艺术之作为其最高形式，凡艺术之作为宏伟风格而被把握的地方，我们就必定回到了生命显现的最原始状态，进入了生理学。艺术之作为迷醉状态，作为生理学（在最宽泛之意义上是"物理学"）的对象，作为形而上学的对象——艺术在这些方面彼此包含而

---

① 海德格尔：《海德格尔论尼采——作为艺术的强力意志》，秦伟、余虹译，河北人民出版社，1990年，第95页。

非排斥。这些对立面的统一，在其整个本质的完整性上所把握住的统一，使人们可以洞见尼采本人所知道的——被他所意愿的——与艺术相关的东西，它的本质与本质的确定。①

迷醉作为强力意志的生理学基础，将艺术的三种珍宝——优雅、逻辑和美——统摄为综合物，而这恰恰与人们称之为"亲切"的东西相对。尼采坚决拒绝这种完全缺失激情的艺术风格。

然而，作为审美情感的亲切并不与艺术生理学相悖，那些被视作软弱、怯懦、优柔寡断的（道德或审美）情感通常只是亲密的类似物。在根本上，无法被消耗的亲切是绝对异质者，它不具备特定的风格类型。"宏伟风格在于蔑视平庸和转瞬即逝的美；它是对希有之物和永恒之物的感受"②，而亲切长居于此——佛教寺庙和造像带来的震撼来自宗教的神圣感，而不仅是一般意义上的艺术美感，它源于宗教的仪轨和特殊度量而不是艺术家的自由创作。③ 与此同时，人们也会为那些粗野、凶悍、狂放的原始艺术形式所感动，现代人对部落舞蹈和恐怖文艺的钟爱正表明了这一点。换言之，家与殿的建筑审美类型划分是针对审美之情感表象的，而亲切则是审美

---

① 海德格尔：《海德格尔论尼采——作为艺术的强力意志》，秦伟、余虹译，河北人民出版社，1990年，第126页。
② 海德格尔：《海德格尔论尼采——作为艺术的强力意志》，秦伟、余虹译，河北人民出版社，1990年，第124～125页。
③ 李翎：《佛教造像量度与仪轨》，上海书店出版社，2019年，第6页。

形式本身的意味。

事实上，就家与殿的词义学而言，二者的区别早有显露。殿，击声也[1]，虽未见用例，但它首先以闻声的形式与建筑相结合。殿乃屋中大者，人群相聚其中，奏乐会谈为乐，由此引发的审美情感与一般意义上的生活不同。家，尻也[2]，喜怒哀乐尽皆汇聚。家更像一种情感的中介，观赏物和上手物在其中沉沦，建筑此时是抽象化的，即使始终在场，它的审美意味也被掩盖。人很难对房子本身产生亲切感正在此：一种人格的或生命的关系对亲切极为重要，它借此才能具有特定的风格。"人及物甚至紧紧联系，使得物因此得到一种密度、一种情感价值，那也就是我们惯称的物的'临在感'（présence）。使得我们童年的房子产生深度感，并且使它在回忆中具有稳定和高频率出现的特质（prégnance），其原因显然来自这个复杂的内在性（intérioriteé）结构，在这个结构中，物品组合起来，为我们描绘出一个象征形式的轮廓，而它便被称为家宅。"[3] 这样，唯独具备了居住者的人格要素，家才能在风格类型上与殿并置，从抽象的形式中抽身。而抽象本身回转引发的情感，即人们所称的亲切。

与之相较，殿的风格类型几乎固定，它总是与美、真理、神圣

---

[1] 许慎撰：《说文解字注》，段玉裁注，许惟贤整理，凤凰出版社，2007年，第213页。
[2] 许慎撰：《说文解字注》，段玉裁注，许惟贤整理，凤凰出版社，2007年，第590页。
[3] 让·鲍德里亚：《物体系》，林志明译，上海人民出版社，2018年，第14页。

等抽象物相关。① 在艺术馆的设计中，人们对这点能做出清晰的辨别。纽约大都会美术馆是庄严的，它的外在比例隐喻着某种宏大风格的类型；而泰勒现代艺术馆拒绝这种大地与建筑的关系，其所立者，乃是各种原初比例的压缩、伸展或曲折之物。与二者不同，圣索菲亚教堂既是艺术的殿堂又是神圣之地，它综合了美、真理、神圣三者。② 反而是印度的神庙，被称作真正的"神之家"，居住者此时赋予了家以神圣且在地的色彩。家是生活的、实用的，它将殿包围在中心；由殿到家，即是庙会。"集"主设摊、贸易，"会"服务于祭神、酬神祈愿，人们在市场、热闹与技艺的结合中呈现了家与殿的综合：门廊、售票处、看台，艺术乃是生活的暂歇。

当然，家与殿无法构成全部建筑的风格整体，但在审美情感及其抽象化上，二者是整全的。一些建筑（如商店）旨在引起欲望、诉说谄媚（经济的），另一些建筑（如临时住房）不包含任何情感（或冷漠、厌弃）意味（实用的），它们都可直接引起特定的审美情感。典型的例子是，扎库（冥屋）尤其不给人亲切感，而过分的修饰，又使其审美意涵艳俗。色彩斑斓、歧感、突兀，在冥屋中成为距离—隔断的神圣要素，旨在于此世、进而在彼世中凸现。与之相较，追求庄严肃穆的寺院、宫观、庙堂通常是华美与庄重并有，但散落在民间的小型神龛反而让人更感亲切。其中，人与神圣的距离

---

① 比如帕特农神庙。
② 人神合一、天人相合的体验是去情感化的，是更深层次的交通，在表层与亲密相关，而与亲切无关。

被缩短了,大、小此时同情感的间距相关。所以,在根本上,亲切的美学是在视象之外的,它被形式化了。"农家大挂钟广受收藏,正是因为它们稳稳地把时间接收在一件家具的亲切感中,世界上再没有比这更能令人感到安心的事了。时间的计算,如果是用来给我们编派社会性事务,便会令人焦虑;但如果它是把时间转变为实体,继而将其切割,有如可以消费的事物,这时它带来的反而是安全感。所有人都曾感觉过,座钟或大挂钟是如何促进一个地方给人的亲密感:因为它把一个地方变得像是我们的身体内部。时钟是一颗机械的心,却稳定了我们的心。现代性秩序因为是外显的、属于空间性和客观关系的,它要拒绝的便是这个和时间的实体融合并加以同化吸收的过程,而它拒绝时间绵延之存在,正和它拒绝其他内化程序(involution)中心的理由一致。"① 在稳定②的情境中,亲切具化为身体和心灵的文本。

这样,亲切就是结构性的,这种结构内化在情境或关系之中,此在被符号化。并且,这种情境感受以"在之中"的方式被忆起,故乡、民族、文化中③的亲切皆是如此。对于建筑或装饰的风格而言,气氛以整体的方式进入符号体系中,它不是某一个元素经过特别处理的结果;④ 而就福主信仰来说,这种情境性的感受正是家与

---

① 让·鲍德里亚:《物体系》,林志明译,上海人民出版社,2018年,第23~24页。当然,古董或古物自身显露的是时间的过度凝结,它们与亲切的关系不大。
② 亲切诞生的过程并不稳定,它是绵延的。
③ 乡音是其代表。
④ 让·鲍德里亚:《物体系》,林志明译,上海人民出版社,2018年,第42页。

殿、村落与天地的融合，将民众的生活信仰置身于广阔、宏大的神圣体系之中。所以，亲切的关系结构是先验的，有时会被预设，但不能被强制，亲切拒绝一种血缘上的限制，而亲密显然与此相反。在爱情中，真正发生的关系不是一见钟情就产生的信赖，而是一见面就产生的强烈的相互吸引。但在亲切中，这一事件产生了扭转：信赖不仅在吸引之先，它甚至排斥那种极有可能走向极端的强烈情感，唯独那具备同一感受、相似性质的东西得到保存。亲切拒斥不可控的爱人间的深度结合，维系平行或注视的距离，它显然不是一致——差异性同一——事件。

因此，即使亲切的氛围很自然引发其他交往行为，这些行为（比如影响消费）也都经由无意识达成。亲切在根本上拒绝一切有目的的言说，诸如吉祥、祝福、喜庆等也都排除在外。作为情感，亲切不能始终在场，如同熟悉的感受一般，它们在惯常中取消自身。所以，习以为常（持续上手）不会引起亲切，唯独在断裂被接续、阻碍被消除（回忆、再见）时，那种熟悉才会占据使用本身并带来相应的衍生感受——陌生渐退，在场者呈现。亲密显然与此迥异，它意味着主体始终在场。尼克拉斯·卢曼（Niklas Luhmann）宣称在所实现的社会关系中，更多个体性的、独一无二的人格特性，或最终从原则上说个体性人格之所有特性都变得富有意义。他将这类关系从概念上界定为"人际间互渗入"（zwischenmenschliche Interpenetration）或"亲密关系"（Intimbeziehungen），①主体一直在构成这种人格意义的关联。但亲切内蕴主体的缺席，诸如护士、警察这类提供身体看护的职业会带来亲切感，其根源在自我反身性持存的预设中无意间被达成。与之相反的是医生和律师，诊断和辩护暂时搁置了自我回归的进程，它们制造常态的空白。唯有再次相见时，危机消除带来的暧昧才可被转化为异样的亲切或亲密感。

所以，亲密的社群意味着共同生活，其氛围与亲切在功能层面类似。按照费孝通的说法，熟悉是从时间里、多方面、经常的接触产生的感觉。这感觉是在无数次的小摩擦里精炼出来的结果。熟悉的人之间甚至不需要文字，足气、生气甚至气味，都可以是"报名"的方式。在他看来，熟人社会是靠亲密和长期的共同生活来配合各个人的相互行为，社会的联系是长成的，是熟习的，到某种程度使人感觉到是自动的。只有生于斯、死于斯的人群里才能培养出这种亲密的群体，其中各个人有着高度的了解。② 然而，这种亲密并不会夹杂亲切，它没有一种断裂的、逃逸的、回归的进程。"近乡情更怯、不敢问来人。"③ 亲切内蕴着隐微的情感。

---

① 尼克拉斯·卢曼：《作为激情的爱情：关于亲密性编码》，范劲译，华东师范大学出版社，2019年，第55页。
② 费孝通：《乡土中国　生育制度》，北京大学出版社，1998年，第10、14、44页。
③ 李频：《渡汉江》，载蘅塘退士编：《唐诗三百首》，陈婉俊补注，中华书局，1959年，第9页。

当人们在陌异之物中感受到亲切时，作为情感，它已无法被耗费。热闹、唏嘘，亲切在气氛的参与中透出歧感。并且，有关亲切的审美是形式化的：其典型是，东北话的连续上声呈现容纳这一品质，它既平实，又具有戏剧性。同样，人与动物的交往也内含人格之抽象，那种灵之间的融洽甚至胜过人本身。事实上，宠物带给人的亲切感可被理解为人之间的亲密关系的替代表征，并且这些关系都带有审美的因素。可爱的、亲昵的动物在切近人时不仅弥补了情感的脆弱性，它们甚至将人自身的弱点置于台面之上：不再承受生存表演的不可控，陪伴和责任①成为一种道德②和灵魂层面的附加物。因此，亲切又意味着真实的显露，使被遮蔽之物重新在场。亲切乃身被接纳、灵受感动、意合于他③的感受，在审美情感层面，它是形式意味之回味。

---

① 对动物感到亲切更加普遍、容易，也间接证明了动物与人更相近，而与物更远。
② 亲切不内涵严格的道德责任，却可能激起超道德。
③ 此处"他"指广义上的他者。

第五章　论电子竞技

也许约翰·赫伊津哈（Johan Huizinga）预料过未来会出现其他类型的游戏形式——这可视作人类文明发展的必然，但他仍有很大可能对目前的电子竞技感到惊讶。那种被揭示地不能再清楚的游戏和竞争之间的关系似乎有了新的发展：游戏功能不仅为竞赛所固有[①]，甚至竞技成了游戏本身。角力游戏、现代战争和政治斡旋在形式上的相似说明了这种耦合的深度，它们无法驱除其中的任何一种因素，人们由此普遍生出被戏弄的感觉。缺失了严肃的参与，游戏和竞技这两个词汇直接构建起现代社会的荒谬感：在他人或社会的游戏中竞争生存，在生存的竞争中自我安慰地游乐，游戏因而具有生存论范畴的转向。电子游戏从军工产业和物理实验室走向大众，很大程度上表明了游戏的根本特质：它是自由对政治、军事战争和纯粹技术的越界。这意味着，竞技游戏正通过个体的广泛参与中和权力意志的激情。

事实上，在根基层面，电子竞技本就缺乏严肃的东西，以审美为主，是战争土壤中自然生长的出走物。现代人类在紧张的生活和刺激的免疫中溢出生命活力，这种调剂的、审美的出走者变得鲜活。因此说电脑游戏是当今时代一种有活力的大众艺术极为恰当，它的确承担了一部分艺术的文化功能，但这种功能似乎不再是"净化"或"引导"。最起码，弗里德里希·席勒（Friedrich Schiller）

[①] 赫伊津哈：《游戏的人：文化的游戏要素研究》，傅存良译，北京大学出版社，2014年，第115页。

声称的那种结合了感性冲动与形式冲动的游戏冲动①已经被预先铺设了工厂或舞台的布景。一个例子是可被视作所有电子射击游戏前身的游戏 Breakout②，其主题乃是"破坏墙壁（越狱）"。Breakout 的隐喻是：犯人只有在破坏监狱的墙壁后才能越狱，但墙壁总在被破坏后自动修复，因而这种尝试始终徒劳。然而，破坏墙壁本身却能够生产一种生存的乐趣，它与西西弗斯（Sisyphus）的受苦不同，游戏者从这种游戏中切实获得了某种审美的快感。③ 激情得到自主释放而非耗费在与苦难的对抗中，游戏包装盒上拴着铁球的脚的形象由此是自嘲性的。20 世纪 70 年代因受到越南战争的影响而蒙上阴影的人们被迫成了嬉戏者，电子游戏俨然作为讽刺性的慰藉品而存在。这样，电子竞技便是某种时代意识的象征、中和之物，以符号现象的形式表征不同的文化精神。

第一节　叙事与游乐

在官方对电子竞技的定义中，人们很难体会到游戏要素的重要性，似乎"游戏"这一词汇本身太不严肃，以致其无法与"竞技"

---

① 弗里德里希·席勒：《审美教育书简》，冯至、范大灿译，北京大学出版社，1985 年，第 76~80 页。
② 在日本和中国，这个游戏的名字都是"打砖块"。
③ 即使情欲竞技这一露骨的欲望表现形式在十七八世纪几近消失，但竞技性兴奋现象——从参与及观赏比赛中得到满足和快感——的存在仍有力地说明了身体竞技的原始审美特质，人们的身体本能地寻求一种性的基础的转化表达（在生理学中这一基础被物质性地称为荷尔蒙）。

相协调。电子竞技是"利用电子设备作为运动器械进行的、人与人之间的智力对抗运动"①，被限定在更中性的"运动"中，而电子游戏作为载体，此时被抽空为无内容之机器。机器（人）是不需要游戏的，它的程式运作不产生审美的需求；但机器（人）之间的竞争会生产一种过载之后的迟滞，对此迟滞的感觉和接受正是游戏存在的基础。适度的放松、开小差、注意力被转移是游戏开展的前提，游戏是生命涌动并开始倦怠的事件。在此意义上，游戏可以自竞争中诞生，运动才是真正的无规定物。所以，竞技本身并不排斥游戏，甚至在广义上，它是游戏的核心要素中的一种。

游戏是一种有用意的（significant）功能，也就是说，它具有某种意义。游戏中，某种超越生命直接需求并赋予行动意义的东西"在活动"（at play），一切游戏都有某种意义。② 面向意义而生同样是竞技这一事件的规定，它与游戏的区别在：游戏的意义通常是未知的、本有的，而竞技的意义总是被或明或暗地预设在主体的欲求中。③ 所以，竞技被视为游戏的一部分或关键要素是一种常态，游戏性（Ludo）被定义为"引导玩家进行效率预估的一种设计机制"④ 正表明了这一点。而在更深的层面，人们可以看到游戏和竞

---

① 超竞教育、腾讯电竞主编：《电子竞技用户分析》，高等教育出版社，2019年，第1页。
② 赫伊津哈：《游戏的人：文化的游戏要素研究》，傅存良译，北京大学出版社，2014年，第1页。
③ 但竞技和胜利不同，它是一种指向的永远在场。换言之，竞技转换了体验与终局（0与1）之间的位置。
④ 渡边修司、中村彰宪：《游戏性是什么：如何更好地创作与体验游戏》，付奇鑫译，人民邮电出版社，2015年，第164页。

技在形式上的一致性："虽然是一种无目的行为，但是这种行为被看作是目的本身。这就是游戏的含义。以这种方式，某些东西借助于努力、好胜和专心致志被表明。……游戏表现的结果即在于，不是任何随意的东西，而是如此这般被规定的游戏活动最终完成了。所以，说到底，游戏是游戏活动的自我表现。"① 根据规则，通过努力、好胜和专心致志达致某种结果，此即竞技本身。但竞技毕竟不同于那种带有游乐性质的玩闹，它不致力于自我表现，而是企图最大限度地发挥运作的功能，以致预设的目标被行动事件临时掩盖。"所有有限游戏中都或多或少存在自我遮蔽。参与者必须有意忘却自己参与游戏所固有的自愿性质，否则，所有竞争、努力都将离他们而去。"② 这意味着，两种专注的性质是不同的，它们被包含在不同类型的事件中。

当然，单就游戏和竞技的含义而言，二者也不等同。在词源上，希腊人对游戏（παιδία）和竞技（ἀγών）做出了区分：它们在严肃、理智、道德和神圣层面被视作两个事件。而在拉丁语中，agon 的主要含义是"竞技"，可以指称一些含有竞争要素的游戏；与之相较，意思为"游戏"的 paidia 的主要内容是儿童嬉戏，包括追逐、掰手腕等，Ludus 则包括全部运动项目。这意味着参与游戏

---

① H.-G. 伽达默尔：《美的现实性：艺术作为游戏、象征和节庆》，郑湧译，人民出版社，2018 年，第 22 页。
② 卡斯：《有限和无限的游戏：一个哲学家眼中的竞技世界》，马小悟、余倩译，电子工业出版社，2013 年，第 15 页。

的主体的不同、发生情境的不同都可以为游戏的类型划分提供标准，其类型学并不被局限在其语义中，游戏研究中叙事学（Narratology）派和游戏学（Ludology）派[1]的分化即印证了这一点。但无论如何，游戏都可以分为叙事的和游乐的[2]，它们在事件形式层面有着根本的区别。

具言而言，游戏之叙事首先表达为有意图的言说，即使这言说之中没有现成物，它也寻求一种能够被继续诉说的对象。对话和闲谈构成广义叙事的两个类型，分别对应着游戏活动的严肃部分和游乐部分。所以，只在严格表意的层面，叙事与游乐构成游戏学说的两种类型，人们将那种无意义的个人的絮叨和研究活动、生产活动中的干瘪论述排斥在外，它们是非对话、非生活的。要把竞赛这种文化功能从"游戏—节庆—仪式"这个综合体里分离开来几乎不可能[3]：作为仪式的游戏必须自生活之中诞生。所以，游戏的道德和教化功能是（宗教的、审美的）生活中严肃仪式的自由物和衍生物，并不是某种高级的东西。古希腊的男子（尤其是裸体）比赛的"成人礼"这一文化意义，及其催生出的同性恋、娈童恋，以及女

---

[1] Simon Egenfeldt-Nielsen, Jonas Heide Smith, Susana Pajares Tosca, *Understanding Video Games: the Essential Introduction*, 3rd ed., Routledge, 2016.

[2] 这一区分显然不是二元严格对立的，它与游戏本身的去严谨化相关。总体上，竞技多是叙述的，游戏多是拟真的（恭扎罗·弗拉斯卡：《拟真还是叙述：游戏学导论》，宗争译，宗争、董明来主编：《游戏符号学文集》，四川大学出版社，2020年，第67～83页），但无论如何，这些艺术表现都旨在唤起精神性的事物。

[3] 赫伊津哈：《游戏的人：文化的游戏要素研究》，傅存良译，北京大学出版社，2014年，第35页。

性比赛具有的婚前性启蒙、优生优育、宗教仪式等功能[1]，都表明了竞技的深刻历史内涵：作为人的身体的符号化表达，竞技同样是根本的、精神性的。而围棋领域中所谓"棋理合乎事理"，乃是沉浸者游戏体验的生存化，游戏者在某种程度上丧失了那最具激情之物。对规则的领会和服从此刻显然胜过探寻未知的好奇和热情。

与此同时，在叙事的内部，对话的目的性将人引向一种争辩或辨明，对话者遵从同样的规则论述其观点。"游戏是玩家参与规则定义的虚拟冲突，进而产生能够量化的结果的机制。"[2] 此定义将叙事和戏剧的要素结合在一起，在意图为先的同时，有广阔的故事发生空间被预设其中。在此意义上，竞技可以被视作有意图的文本，具体的游戏是类型物，而游戏本身是书写文本的事件。按照道格拉斯和哈格顿（Douglas and Hargadon）的说法，在文本中只要故事、背景和界面保持统一的图示，玩家的审美体验就能在很大程度上保持一种沉浸的状态。[3] 这种沉浸意味着专注：沉浸的快感源于我们伴随某种熟悉图式的退潮和涌动而完全专注于其中，卷入的快感则来自从文本之外的视点去识别一件作品如何将相互矛盾的图式

---

[1] 斯坎伦：《爱欲与古希腊竞技》，肖洒译，华东师范大学出版社，2016年。
[2] 渡边修司、中村彰宪：《游戏性是什么：如何更好地创作与体验游戏》，付奇鑫译，人民邮电出版社，2015年，第3页。
[3] J. Yellowless Douglas, Andrew Hargadon,"The Pleasures of Immersion and Engagement: Schemas, Scripts and the Fifth Business", in *Digital Creativity*, 2001, 12 (3): 153—166.

翻转、连接,[1] 竞技的心流体验[2]在此显然属于前者。卷入暗示了一种规则和情境的事先在场,它是闲谈的核心所在——人们此时无需制定规则。所以,闲谈可以是说书性的、戏剧性的,内含着审美的要素。已设计好的游戏唯独在游玩者的参与和品评中才是在场的,这正是叙事游戏的运作模式。

与之不同的是,游戏的另一面——游乐——在规则失效、审美疲劳中被生成。按照赫伊津哈的定义,游戏是在特定时空范围内进行的一种自愿活动或消遣;遵循自愿接受但又有绝对约束力的规则,以自身为目的,伴有紧张感、喜悦感,并意识到它"不同"于"平常生活"。[3] 这意味着,游戏既是一种对生活的中断,又是改变规则本身的尝试,它拒绝那种无聊且不必要的东西,因而它必定与审美相关。《法律篇》中的描述是:游戏($\pi\alpha\iota\delta\iota\alpha$)是一种表演,它既不实用又非真理、既不相似又不会带来什么坏处,而仅仅是着眼于其伴随性的魅力($\chi\acute{\alpha}\rho\iota\varsigma$)而实施的活动。它的基本特征是带来愉悦。[4] 且因为它(游戏)不针对任何事物,因为它不间断地自发地流淌着,所以其话语会和谐,它的形式清晰而细腻;它的表达本身

---

[1] 戴安娜等:《电脑游戏:文本、叙事与游戏》,丛治辰译,北京大学出版社,2015年,第75页。
[2] 米哈里·契克森米哈赖:《心流》,张定绮译,中信出版社,2017年。
[3] 赫伊津哈:《游戏的人:文化的游戏要素研究》,傅存良译,北京大学出版社,2014年,第32页。类似的表述是:"游戏是一种自主行为,特意置身'平常'生活之外,'不严肃',而同时能让游戏者热情参与、全神贯注。这种行为与任何物质利益均无瓜葛,从中无利可图。"(赫伊津哈:《游戏的人:文化的游戏要素研究》,傅存良译,北京大学出版社,2014年,第15页)
[4] 柏拉图:《柏拉图全集(第3卷)》,王晓朝译,人民出版社,2003年,第418页。

会变成图画、舞蹈、韵律、旋律。① 即游乐的非目的性借此产生另一种非设计的美学②。在美的创制和美的生长中，游戏的类型学与审美的类型学达成一致：对话的创制之美③、闲谈的接受之美和游乐的自由（自然）之美成为游戏发展自身的根基。

因此，在竞技和电子游戏之间显然存在某种更加深刻的联系，它不仅表达为目的及其媒介的关系，一种审美的要素④在改变竞技自身的结构，如在 RPG 游戏玩家中，欣赏剧情的、欣赏人或物（NPC 和道具物品）的以及欣赏操作技巧和对战技艺的，构成了此类游戏的主要审美群类。其中，由于剧情有限，故事结构通常需要人或物的细节修饰，修饰物给予剧情线垂直的扩展。但最终，RPG 仍会走向操作技巧和对战技艺层面的追求，因为唯独在这个层面，玩家作为最可变的游戏要素开始相互沟通。竞技，在此首先意味着对话、共同游乐，而不是纯粹的争战欲望。并且，即使在最简单的竞技中，人们也可感受到某种接受之美。胜者赢得奖赏这一古老传奇在口耳相传中不断上演的结果是，"使用武器的危险战斗，以及

---

① Romano Guardini, *The Essential Guardini : An Anthology of the Writings of Romano Guardini*, Liturgy Training Publications, 1997, p. 149.
② 可惜的是，多数情形中，游戏选手的化身形象是工业化的，它更加缺少个体化即自由的美感。虚拟技术并没有将美自由化、将形象人格化（只是一种雏形），它仍旧只是一种组合技术。
③ 游戏的设计者总期待游戏者的进入，哪怕游戏者只有创作者本人。
④ 正是比赛的结构暗示了与戏剧差不多的形式，即使没有由作者设立的叙事结构，仍然有着与生俱来的动作统一性。当然，它们之间也有许多形式上或实质上的差别。就表现方式而言，竞技比赛基本上都依赖肢体行为，很少或几乎不依赖言语的润色，但戏剧表演需要依靠均衡的语言和肢体动作来传达其意（斯坎伦：《爱欲与古希腊竞技》，肖洒译，华东师范大学出版社，2016 年，第 459 页）。

包括从最无足轻重的运动到充满血腥、你死我活的争斗在内的种种竞赛，还有游戏本身，都体现了'在特定规则限制下与命运抗争'这一基本观念"①。以力而胜是最直接、最简单的剧情，它重复着前人制定并遵守的游戏规则，竞技由此有传承性的。但古今的竞技方式毕竟不同，在形式上，现代游戏如星际争霸与象棋、围棋相比更加引人注目、更加具有趣味，更加容易上手。日常交往的上手东西具有近处的性质，②上手性显然更具美学意味。

此外，RPG游戏中的速通竞技（可自定义的）和竞技游戏中的故事嵌套代表了两种互换的、相互渗透的游戏类型，其结构共通促使这一转化发生，它们同时生产不同种类的审美体验。审美体验在游戏内部不断流动，它直接促使后者在根本性质上有所变化，且这一变化贯穿人类的游戏历史。"英雄"时代，巫术、神迹、音乐、雕塑、逻辑的先声、雄心壮志都在高贵的游戏中寻找形式和表达方式，它们源于仪式，旨在让节奏、和谐、变化、交替、对比、高潮等人类内在需求得到充分展现。而随着文明变得越来越复杂、越来越多样、越来越不堪重负，随着生产技术和社会生活本身变得越来越有条理，古老文化的土壤便渐渐覆盖上一层茂密的观念、思想体系、知识体系、教条、规章制度、道德习俗，这些都和游戏断绝了

---

① 赫伊津哈：《游戏的人：文化的游戏要素研究》，傅存良译，北京大学出版社，2014年，第46页。
② 海德格尔：《存在与时间：修订译本》，陈嘉映、王庆节译，生活·读书·新知三联书店，2012年，第124页。

联系。我们于是宣称,文明变得越来越严肃了,游戏只分配到次要席位。英雄时代结束了,而竞赛阶段也似乎一去不复返了。① 在战斗和竞技中追求崇高的精神被戏耍和消遣取代,人们逐渐习惯了那种表面的快感模式。"据古籍记载:'秦并天下,罢讲武礼,为角抵。'由于秦始皇怕民众起来造反,于是便罢武礼、息兵事,把角抵变成了一种寻欢作乐的游戏节目。到了汉代时期,角抵活动十分普及,尤其是在冀州一带民间,经常有这种游戏活动:'其民三三两两,头戴兽角相抵,名唤"蚩尤戏"。'从这一记载中将角抵称为'蚩尤戏',以及角抵时要进行化妆的情况来看,很明显角抵在当时已经成为一种富有娱乐性的游戏活动。"② 游戏者失落了美的其他维度,人由此成为单纯的戏耍者、表演者;电竞明星(包括一些传统的体育明星)不像古代英雄而像娱乐偶像的原因正是它缺乏某种严肃或崇高的东西。奥林匹克和一般赛事的差别同样在此,它塑造了一种肃穆的战场,而后者只是集市的滑稽剧罢了。所以,竞技和游戏的审美结构的确表现出不同的形式,而电子竞技正结合了二者。

第二节 门道与热闹

电子游戏与竞技精神的共同萌发始于爱好者的共同参与,它与

---

① 赫伊津哈:《游戏的人:文化的游戏要素研究》,傅存良译,北京大学出版社,2014年,第84~85页。
② 蔡丰明:《游戏史》,上海文艺出版社,1997年,第29页。

无可具考的人类的原初游戏不同，有爱好者在 1972 年记录了这场比赛。其中，人们可以看到游戏精神的爆发，而且获胜者正是凭着高超的技艺征服了对手和观众。于竞争者而言，技艺意味着形式上的胜出和征服，它与竞技的权力和经济方面相关；但对观众来说，技艺的含义是超越物①的可观赏和可模仿，人们从中获得了极大的快感，它激发并满足人们的审美欲望。所以，技艺实际上将门道与热闹结合在竞技游戏的观赏中，具有双重的审美结构。

一方面，呈现为门道的技艺追求极简的完成形式，并不注重自身的表现，始终直指目标。所以，在竞争类游戏中，竞争性被设定为游戏的首要规则与目的，参与者根据技术的差别而决定胜负。②此处，技术是完全形式化的，附着于目标物本身，作为工具而在。因此，游戏参与者的举动大多具有欺骗性：声东击西、分散注意力、弄虚作假、误导、令人困惑，人们在繁复的表象中最快达成自己的任务目标。换言之，在竞技游戏中，核心之物始终是竞技本身，拒绝一切修饰形式的占有。典型的例子是在《毁灭战士》（1993）的"死亡竞技"中，杀戮、血浆、丧尸及其带出的恐惧感、真实感都是修辞性的，一旦进入竞技的氛围，它们就成为一种抽象的积分或目标物。死亡和击败作为标记，标示着对对手的短暂（积

---

① 此超越物带来的感觉与光晕类似，但不具备崇高的含义（本雅明：《机械复制时代的艺术作品》，王才勇译，中国城市出版社，2001 年，第 12 页）。
② Roger Caillois, *Man, Play and Games*, The Free Press, 2001. p.15, 此部分为笔者翻译。

分制）或永久（淘汰制）的驱逐，其主要含义是"使……不在场"。通常，这两种形式会在整局游戏中结合，其中，快速的失败和重整（复活）[①] 构成了竞技的要素——相对无限的战争。所以，技艺的此种美学效果或审美效果是极为实用、理智的，无论是积分还是竞速都与效率相关，极大与压缩这种物性的时空感受，此时成为一种深刻的竞技情感。与之相较，舞蹈中的美感表现——夸张——则完全不同，它致力于观赏形式的变化和曲折。而竞技反对夸张，是最经济的形式。在这个意义上，竞技是经济的同义词。

然而，另一方面，技艺作为门道同时会呈现一种表现的美学：一旦技艺将表现自身设立为目标，那么它就具备了一定程度的观赏性。传统游戏中，投壶、蹴鞠、秋千、毽子、空竹等都以技巧的展现为美；而现代运动中，艺术体操、电子竞技中的表演赛都以呈现技巧的美感为目的。换言之，竞技美学反对那种无趣者，后者拒绝欣赏者的进入，自然不会有美自其中诞生。[②] 所以，战术的创新通常意味着技艺的更新和突破（技艺的极致即衰落的开始），而游戏形式本身的更新，如玩法、游戏模式、游戏内的嵌套等，则代表着真正的游戏精神——乐趣和自由。有趣的是，在竞技比赛中，利用游戏中的程序错误进行作弊操作，无疑是对纯技术或胜利目标的追

[①] 参与者对失败或戏剧性的体验构成与游戏形式一致的情感关系，因此宣称电子游戏是失败的艺术是恰当的（杰斯珀·尤尔：《失败的艺术：探索电子游戏中的挫败感》，杨子杵、杨建明译，北京理工大学出版社，2019年，第30页）。
[②] 在这个意义上，游戏确实是最具参与性的艺术，通过倾斜作品的平面，将观赏者纳入其中（类似交互的行为艺术）。游戏是最大众的艺术形式。

求，它忽视竞技精神。而作为既有规则的程度错误，其中有一种异端的权力被呈现出来，代表着审美或游戏的自由，具有无与伦比的新引力。怪诞和猎奇（"歪门邪道"也许是一个贴切的称呼）成为电子游戏中与绝颠技艺并列的欣赏类型，确实是未被固化的乐趣所在。这意味着技艺在缺乏审美时的确会发生一些异变：游戏参与者在无力竞争或无聊中找到了新的出路。

当然，技艺对美感的追求是将自身设定为目的（此时美感仍是次要的、被创制的）或技艺以臻于完满时发生，不再被实现目的的任务束缚。因为，有限游戏只具有暂时的传奇性①，因而每个参与者都想要令更好的结果成为不可避免的事实，从而消除其传奇性。所有有限游戏参与者都想成为王牌参与者，技巧训练至纯熟完美。真正的王牌参与者参赛时就好像游戏已经结束了一样，根据剧本行事，这个剧本的每一个细节都在游戏动作之前就被预判。② 作为竞技大师，王牌参与者在无人可作对手时发现新奇之物，审美成为突破自身的契机，此时他（她）开始向艺术家转化。另一种相反的路径是，技艺的展示（表演）成为一种职业，外部之物——如奖金和荣誉——成了目标和必需品，游戏不再是非功利的。其中，被追求者不再是技艺本身，技艺反而成了附着物。击败同行者即全部，这种状况唯独在领先者摆脱了外部之物的限制时才会被打破，竞技由

---

① 即指向未知。
② 卡斯：《有限和无限的游戏：一个哲学家眼中的竞技世界》，马小悟、余倩译，电子工业出版社，2019年，第21页。

此得以向更深的维度延伸。但这种发展很难实现，技艺的内向纵深很容易就会被热闹的审美感受取代。

事实上，游戏参与者与观众对相同的技艺展现本就有不同的感受，其中对技艺的明晰是极为重要的影响因素。对普通观众来说，当谈及"门道"时，立即就接触到了一种隐秘。这种隐秘感源自技艺产生的距离[①]，似乎阻隔一切无能者的介入。门道里的东西只能接触、观看，但无法窥其全豹，这是技艺美学所设置的艺术隔断，观赏者正是在技艺的表现中发现了游戏的竞技精神，代表了一种神秘美学。但这种神秘之美并不会单独出现，高难度的动作、绚丽的场面、欢呼、鼓舞、呐喊与嘶吼很快就会将神秘的情境转为狂欢。由雅达利举办的第一场大规模的电子游戏竞技比赛，那种虚拟科技带来的惊奇和震撼再次让人们进入游戏狂欢精神之中，而这种狂欢很难不被视作计算机时代的大众仪式。仪式的严肃和神秘被热闹和欢庆取代，游戏中的竞技精神也会逐步成为装饰物。

在更具体的方面，音乐、灯光和舞台，赛前表演、战歌响起，这正是竞技的仪式和装饰，它与古代战士出征前的助威仪式并没有什么不同。具体的游戏设计中，叙事（Narreme）由登场人物、表

[①] 距离感通常表现在称呼中，比如"骑行者（cyslist）是指过去或现在将自行车竞技和消遣作为一种身份特征的人对自己的称呼"（迈克尔·哈钦森：《骑行200年：车轮上的社会史》，孔德艳译，社会科学文献出版社，2020年，第7页），而一般骑自行车的人——因缺乏或未表现出技艺及审美要素——就是以自行车为交通工具的普通人，其骑行不生成额外的身份。

情、事情、物品、台词、视觉效果、音响效果等影像要素以及这些要素的复合形式构成，这些要素能够使故事得到最低限度的客观阐释。① 积分和榜单无疑是一种刺激性的修饰物，激起人们的欲望，并让人沉迷其中。头衔和荣誉代替了美德本身，即使荣耀本身是美德最好的奖赏。头衔指向其发生场境，它是回溯性的、功用性的，而且它与历史的、历史的权力相关。"一个人只有通过获得受到认可的头衔，即只有通过他人仪式性的尊重，才能拥有权力。权力从来不是一个人自己的，从这个角度来说，这表明了所有有限游戏固有的矛盾。我只有通过停止游戏，通过表明游戏已经结束，才能拥有权力。因此，我只能拥有别人给我的那种权力。权力是游戏结束后观众所赋予的。权力是矛盾的和剧本性的。"② 有趣的是，某人越被视为有权力，我们就越希望他们做得少些，因为他们的权力只能来自他们已经付出的。在体育比赛之后，冠军头衔已经得出，很常见的一个景象是观众将获胜者抬到肩上，扛着他们游行，就好像获胜者是如此无助——这与获胜者刚刚展现出来的技能与力量形成了尖锐的对比。君主经常乘坐具仪式性的交通工具，而富人则有豪华马车或轿车接送。③ 人们通过衬托权力本身参与到对热闹的分享中，

---

① 渡边修司、中村彰宪：《游戏性是什么：如何更好地创作与体验游戏》，付奇鑫译，人民邮电出版社，2015年，第197页。
② 卡斯：《有限和无限的游戏：一个哲学家眼中的竞技世界》，马小悟、余倩译，电子工业出版社，2019年，第37页。
③ 卡斯：《有限和无限的游戏：一个哲学家眼中的竞技世界》，马小悟、余倩译，电子工业出版社，2019年，第64页。

即使这一分享只是表象①。但无论如何，权力的审美都在这种衬托中达成。

此外，由竞技衍生的粉丝文化显然是一种再修饰，作为回忆性在场的狂欢②，其中产品周边和同人小说是典型的文本再创作的形式。并且，这种再创作并不模仿竞技本身，它复刻并享受荣耀与美妙，因而此艺术形式是附加的，不创造或引起新的东西。竞技的弱审美化正体现在这种艺术加工的娱乐性质中。更甚的是，在博戏和赌博中，人们发现了游戏经济化的加重形式，美感在此真正成了装饰物：绚丽的画面、可爱的图像、振奋人心的音乐都没有使老虎机成为审美的对象，在赢钱的欲望中，它成为一种伪装的现成品，审美在其中退化。戏剧性的深化在观众的参与中完成，因而伴随竞技性游戏的观众的附加行为——如呐喊、助威和赌博——尤其能够让竞技的未知性和激烈程度得到加深。观众不仅是竞技的见证者和修饰者，它们成为另类的选手参与其中，这是向着命运编写者身份的转化。与运气相关的游戏（如射覆、藏钩、谜语、酒令及各种类型的牌类游戏）最能激发人的兴

---

① 权力游戏的内涵是与命运的对抗被篡改为对人力的对抗，其中最突出的情绪是背叛、被玩弄、愤怒，它剥夺了原本可能性（命运，以及技艺）能够带来的成就感。所以，博彩的幕后操纵者尤其让人厌恶，它欺辱了游戏的参与者，并将故事的结局提前预设了。事实上，幕后操纵者本人是不把博彩作为游戏的，他们抽空了游戏的形式。因此，这些人也根本无法体会到游戏之乐。权利游戏以牺牲既有游戏形式为代价，创制独断的游戏规则与乐趣，不被真正的游戏者看重。
② 就粉丝现象而言，"情动"可被视作"体验"的回忆性在场（尹一伊：《从体验到情动：中国电竞产业中的粉丝现象研究》，载何威、刘梦霏主编：《游戏研究读本》，华东师范大学出版社，2020年，第300～309页）。

趣正在于此，参与者在不断与对手的竞争中看到了命运的间隙——被眷顾感掩盖了在命运面前的无力和失望，运气最终成为超越（至少平齐）技艺和努力之事物。由此，热闹成为共享的审美氛围，构造了一种激情的体验空间，观赏者在其中实现了身份的转变。换言之，装饰成为游戏竞技的要素，一切附着物都成为其内容。

所以，门道和热闹的确在审美类型层面有所差别，但它们同时密切相关：一些竞技游戏中的修饰要素（如绚丽、唯美、恐怖、仿真）真正地作为吸引物使人着迷[1]，而很多文化领域中发挥作用的竞赛冲动，也在艺术中成熟。挑战对手完成某些困难的似乎不可企及的高超艺术技巧，这种欲望深植于文明之源，这也相当于我们在知识领域、诗歌领域或勇气领域所遭遇的各种比赛。[2] 所以，门道与热闹同属于节庆。"节庆是集体运动，是共时性在其完美形式中的表现"[3]，因此二者之间的刺激和转化都不能是单极的、无限度的。对话、闲谈与游乐（严肃、松弛与肆意）分别属于技艺、热闹及自由之境。

---

[1] 这尤其体现在剧情类的游戏中。
[2] 赫伊津哈：《游戏的人：文化的游戏要素研究》，傅存良译，北京大学出版社，2014年，第236～237页。
[3] H.-G.伽达默尔：《美的现实性：艺术作为游戏、象征和节庆》，郑湧译，人民出版社，2018年，第41页。

第三节　工厂（战场）、舞台与荒野

　　游戏竞技的发生情景不同，其审美处境会随之变化，这无疑为审美感受的区别提供了背景基础。历史中的人群在不同的时代背景中进行不同的竞技、游戏，其审美意味之间的差别甚至超过了内容和形式的固有结构。例如，人们惯有的感受是，战争中的竞技似乎完全是另一种东西，它总能激起人们的战斗欲望，对未经历过战争的人尤其如此。这种想象的战争及对战争的渴望中蕴含着一种满溢者的耗费欲望，它是生存权力在得到满足之后的自我表现，其中技艺的实用性能带来权力的优胜感。职业（门道）在此方面与战争类似，它们都升起在生存的满足中，而这与游乐的竞技全然不同。游乐竞技在无目的中生产目的，技艺或技巧则在全然的表现中将自身设定为目的；与之相对，实用的竞技始终以生存为目标，它不过是在生存满足的条件下通过竞技保障自身持存。因此，奥林匹克在某种程度上可视作现代战争的根源。从战争到竞技，那种原始的生存欲力被理性的生命强力代替。

　　与之类似，现实的太空战争与科幻文学、影视在某种程度上是一致的，都暗示了一种虚构的、即将到来的威胁。但这种威胁同更直接的战争形式相比游乐性质更强，激发的多是竞技之紧张而非生存之恐惧。所以，战争、捕猎与生存，种植、饲养与生活，性、艺术与游戏之间隐约形成一种对立，其对应场所中，工厂（战场）是生存性的，舞台是生活化的，荒野则意指存在。更进一步，活动在其中的人，除却赤裸的肉体生命——工人和战士，辩士和工匠是竞技者，诗人、艺术家是游戏者，斗士、运动员或骑士则同时具备两种身份要素：要么既战斗又表演，要么既寻求技艺又渴望自由。个体生命的身份的转化揭示出审美情境的根底性，不同的存在图景孕育着不同意味的竞技游戏。

因此，当奥托·冯·俾斯麦（Otto von Bismarck）将政治描述为可能性的艺术时，此艺术的内涵并不比原始部落出于生存目的制定策略、进行争战的情况好多少。其所谓可能性尚未突破自身的界限，甚至这一艺术仅诞生自国家政治和个人职业生涯的压力。政治家被迫将自己描绘成自由的拥护者，这种政治的可能性艺术便等同于经济性的严肃，他（她）们做着必须要做之事，甚至令人厌恶地使可能性之门被关闭。"我们必须学会战争和独立的艺术，只有这样，我们的孩子才能学会建筑和工程的艺术，然后他们的孩子才能学到美术等高雅艺术。"[①] 将审美的发展建立在物质饱足之上固然合理，但这一进程绝不能被夸大，因为物质饱足自身的可能性是无限延长的。这意味着，被滥用的"艺术"多是生存性的。

事实上，生存性的艺术本就是一种被机械生产的工业品，麦克斯·霍克海默（Max Horkheimer）对此的描述是，"不但颠来倒去的流行歌曲、电影明星和肥皂剧具有僵化不变的模式，而且娱乐本

[①] 卡斯：《有限和无限的游戏：一个哲学家眼中的竞技世界》，马小悟、余倩译，电子工业出版社，2013年，第49页。

身的特定内容也是从这里产生出来的,它的变化也不过是表面上的变化"[①],它们都从制造商的意识中来。文化制造商对艺术生产的干涉尤其体现在大众文化和通俗艺术中,游戏作为第九艺术,自然在文化工业中被制造、生产。其典型表现是 3A 游戏大作的 IP 多在滥用中失去了原初的审美乐趣,而资本的注入——通过举办大型赛事和构建职业体系——在将电子竞技推向高潮的同时,又使其泛娱乐化,那种纯粹的竞技精神开始自顶点衰落,逐渐沦为一种表演甚至消耗品。由热情与意志推动的赛事作为自然生长之物被娱乐工厂大规模培育后,就失去了自由的价值,其美学结构成为(廉价)创制、接受的。并且,与之相关的群体非但没有形成群落,它们反而在不断地圈定运动败坏了游戏竞技的土壤:赛事主办方作为文化工业的受益者只关心其经济效用,相关的平台和媒体在热闹中攫取利益,电子竞技解说员未能承担起审美深化的职能(与艺术解说员致力于审美的大众化相反),它们未能构成聚落。但游戏玩家自发形成的是聚落,并且这种聚落一旦被资本帝国征服,就虚有其表。从电子竞技选手到主播,游戏者的生命强力在竞技的娱乐观赏中被耗费,面向艺术纵深的可能性亦迅速失去。唯独保有对生活中断的向往,这种形式上的超越才是可能的,它确实被保存在严肃之中。

所以,严肃的对话必须首先在生存境况中凸现出来,战场由此具有了双重意味。一方面,蛮族的劫掠征伐、暗杀行刺、追杀夺

[①] 霍克海默、阿道尔诺:《启蒙辩证法——哲学断片》,渠敬东、曹卫东译,上海人民出版社,2006 年,第 112 页。

命、猎取头颅等行为都体现出残暴，不论这种残暴是出于饥饿、恐惧、信仰还是仅仅出于残忍，此类杀戮很难以战争之名抬高身价，它由纯粹的生存而来，是野蛮的丛林或工厂形式。另一方面，只有郑重宣称出现全面敌对的特殊状态，而这种状态公认有别于私人恩怨和家族世仇时，战争观念才会登场。这种区别一举将战争置于竞赛领域，也置于仪式领域。它被提升到神圣事业层面，成为各种力量的全面较量，成为命运的揭示。换句话说，战争此刻成为包含正义、命运和荣誉在内的观念集合体的一部分。[1] 这意味着舞台的原初氛围是严肃的[2]，它起初上演的是英雄神话和悲剧故事。后来，不再神圣、肃穆的喜剧和仪式表演，才在技艺表现的专门场所，将其审美范畴由门道逐渐转为热闹。

因此，表演本身的外在化形式就与游戏相关，游戏使艺术作品从严肃中解放，其后果难以预料，比如战场和舞台的结合产生竞技的畸形——生存游戏，《电锯惊魂》《鱿鱼游戏》等影视作品的引人入胜之处正在它同时勾起了人们的生存欲望和游戏欲望。其中，恐惧和乐趣被奇妙地结合在一起。而在古罗马文学和艺术中，游戏的快感要素非常明显。夸张的赞辞和空洞的修辞是文学的特征；肤浅

---

[1] 赫伊津哈：《游戏的人：文化的游戏要素研究》，傅存良译，北京大学出版社，2014年，第122页。
[2] 事实上，竞技运动曾是葬礼的一部分，体现了竞技运动的宗教意义：亡者的灵魂在通向死亡寂静黑暗的途中，运动员所展现的生理和心理上的高度集中，体现了人类的优秀，可以被视作对逝者最高的敬意（英格丽·罗西里尼：《认识自我：从古希腊到文艺复兴的西方人文艺术史》，宇华、周希译，天津人民出版社，2020年，第25页）。

装饰勉强遮住厚重的下层结构,壁画耍弄空洞的风格或沦为纤弱的优雅,在艺术中占首要地位。这些特点令伟大的古罗马在末期留下轻浮成癖的烙印。生活成了文化游戏,仪式尚在,而宗教精神荡然无存。所有心灵深层的冲动都离不开这种肤浅的文化,而在神秘宗教里扎下新根。最后,基督教将罗马文明与仪式基础一刀两断,罗马文明迅即凋零。①

与之相比,现代的竞技游戏呈现另一番景象,体育运动完全变得世俗、"无关神圣",与社会结构毫无有机联系,政府举办的体育运动就更不用说了。现代社会的技术手段能在体育场公开举行最大规模的群众集会,却改变不了以下事实:无论是奥林匹克运动会,还是大学组织的体育运动,或是大肆宣扬的国际比赛,都丝毫无助于把体育运动提升到能创造文化的水平。不论对选手和观众来说这项活动有多重要,都结不出果实。古老的游戏元素几乎彻底萎缩了。② 体育竞技中的问候语③,除了起到客套与修辞的作用,再难以体现出真实的竞技精神,逐渐成为表演者的台词。国际赛事一度被视为现代战争中的和平战场④,电子竞技走入获奖-表演模式,竞技活动中的人文精神逐步在政治-经济社会中被消弭。因此,游

---

① 赫伊津哈:《游戏的人:文化的游戏要素研究》,傅存良译,北京大学出版社,2014年,第253页。
② 赫伊津哈:《游戏的人:文化的游戏要素研究》,傅存良译,北京大学出版社,2014年,第287页。
③ 比如电子竞技中的"Good Game",很多时候都是无奈甚至是嘲讽的。
④ 另外的主要形式是贸易战与舆论战。

戏的出走绝不能停歇：它既然可以从严肃走向嬉闹，从门道走向热闹，自然也可以从世俗-经济文化工业回转到严肃、自由的艺术部落中去。游戏，是一种真正无法被限制的力量。

事实上，赛博文化逐渐被人喜爱，原因之一正是它描绘了一个技术失序、机械荒芜的图景。其中，喜闻乐见的技术美学被瓦解，人们看到了那种被埋没在堆叠着的材料①和无处不在的技术控制之下的自由物：它有时被称为西部文化，有时被称作江湖侠义，但它总归是某种蔓延在旧时代的文化废弃物。并且，正是这种时代的工厂废料，如同垃圾场解蔽着文明社会一般，为人们架构起精神的荒野。它不同于贫民窟，人们在荒野中总能看见最值得期盼的故事。旧科幻现实化后成为废墟，新科幻从中拾起被抛弃物并抱在怀中，反技术成为一种解放、救援、爱的力量的表现形式。换言之，无论如何，游戏都是反对压抑、控制与无聊的，它所在之处，生产和生活都被中断。游戏将一切废墟活化为生命涌流之地。

这样，既定的游戏和生成着的游戏（有限游戏和无限游戏）具有不同的文化功能：有限游戏参与者的兴趣不在于痊愈，或成为整体，而在于被治疗，或者说恢复机能。痊愈使自我重回游戏，治疗使自我重回与他人的竞争比赛中。治疗的医生必须将人抽象为某种机能，他们处理的是疾病，而不是人。人们也乐于将自己呈现为机能。实际上，维持整个治疗业的庞大规模与开支，正是由于人们将

---

① 技巧是用来表示把握材料的美学术语（阿多诺：《美学理论：修订译本》，王柯平译，上海人民出版社，2020年，第313页）。

自己视为一种机能的愿望在四处蔓延。生病等于机能的丧失，丧失机能也即无法在自己喜爱的比赛中参加竞争。这是一种死亡，获取头衔的能力丧失，病人变得不可见。死亡意味着某人的竞争者身份的死去，对疾病的恐惧，即对失去的恐惧。[①] 自然，与之相对的无限游戏的参与者是无惧这种恐惧的，无限游戏不定、没有终结，参与者以健全的精神和人格自由探索其中，他们也分享了某种生命的无限特质。所以，在有机体的意义上，无限游戏参与者有时会拒绝治疗，他们目睹了某种真实，并乐意维持这种状态。真实战争中血腥的尊重是共情的重要形式，现代竞技透露出理性的虚伪，对前者的偏爱在此意义上可以理解。如德勒兹所说，多元战争机器（如围棋比之于象棋）显现更加本真的历史形态。[②]

第四节　圣餐和馋嘴

游戏可以在不同审美情境中存在着共通的隐含结论：它并不排斥严肃。因此，对神圣的回转乃是游戏的必然面向。社会习俗中的节庆仪式说明了游戏对神圣的关照：每逢宗教性的节日，人们一方面要郑重举行各种祭祀、祈禳之类的宗教活动以取悦神明，另一方

[①] 卡斯：《有限和无限的游戏：一个哲学家眼中的竞技世界》，马小悟、余倩译，电子工业出版社，2013 年，第 97 页。
[②] 德勒兹、加塔利：《资本主义与精神分裂：千高原（第 2 卷）》，姜宇辉译，上海书店出版社，2010 年，第 506 页。

面则要参与各种游乐活动来表示纪念和庆祝。袚禊、祛秽、乞巧，这些活动以娱乐、消遣的方式连接彼岸和此岸世界的生命，它们起初并不远离神圣。事实上，古希腊人认为竞技运动（游戏）现象，就像他们社会中许多其他事情一样，是神与人类在宇宙体系内的相互作用。通过宗教崇拜和仪式，人们可以接近并感知神祇，神的举动也可以符合或者反映人类的行为。① 而唯独其宗教内涵和神圣意味被完全遗忘或故意忽略时，人们才会陷入身体的享乐。但是，即便如此，某些游戏的形式也昭示那种超出自身内容的意涵：比如约翰·赫尔德（Johann Herder）认为，掷骰子和原始的棋类游戏并非真正的碰运气游戏，因为它们属于宗教领域，并体现了斗富宴的实质。② 而在社会关系之外，这些将运气与技术结合起来的游戏同样给人带来一种对戏剧的期待：在命运的戏弄中，人要么沉沦要么被唤醒，自己显然要做获胜的那一方——无论是被眷顾还是拥有足以对抗命运的力量，这一结局都让人满意，而这与命运本身相违背。所以，这种对严肃的品尝显然是禁忌性的，它带来一种永远堕落的危险：即使是如亚当和夏娃，也难逃脱这种品味严肃的诱惑。从信仰到伦理，游戏涉及严肃范畴之间的转化，它内蕴神圣的精神。在此种意义上，永恒伦理昭示一种善的脆弱性，技艺

---

① 斯坎伦：《爱欲与古希腊竞技》，肖洒译，华东师范大学出版社，2016年，第4页。
② 赫伊津哈：《游戏的人：文化的游戏要素研究》，傅存良译，北京大学出版社，2014年，第71页。

(technē)作为游戏的近义词，在根本上与运气相关。①

因此，游戏对压迫的逃离实际内含了某种对严肃的分享，而这一过程通过审美实现。按照约翰·杜威（John Dewey）的说法，"艺术的游戏理论的真实含义在于强调审美经验的不受限制性，而不在于暗示一种活动中的客体方面的无节制性"②，这一论断将实用与分享联系起来。对严肃的分享既是实用的又是超越性的，它将超越的结构作用于现实，所以艺术游戏理论中值得注意的点在于审美经验是从"现实"的压力中释放与逃逸出来的。显而易见，这种思想预设了逃逸者具有可逃脱的方向和可逃脱的能力：前者意味着逃逸者能够（在专注中）对某些艺术对象产生兴趣，后者意指满溢的（过剩的）精力本身，它们预备了品尝严肃这一事件的发生。其结果是，人在无聊与紧张的双重压力中被迫寻求一种审美的突破，这种突破会带来精神层面的慰藉。所以，马歇尔·麦克卢汉（Marshall McLuhan）宣称游戏是一种解脱确有其理，它中断了那种限制人的生活进程。"难道我们喜欢的游戏，不正是给自己提供了一种超乎社会机器垄断暴政的解脱吗？一句话，亚里士多德（Aristotle）的戏剧思想——既是模拟表演又是持续压力的解脱不正是完美地解释了各种游戏、舞蹈和欢乐吗？一个社会如果没有游戏，就等于坠入了无意识的行尸走肉般的昏迷状态。游戏是像迪士

---

① 纳斯鲍姆：《善的脆弱性》，徐向东、陆萌译，译林出版社，2007年，第109～110页。
② 杜威：《艺术即经验》，高建平译，商务印书馆，2005年，第309～310页。

尼乐园的一种人造的天堂，或者是一种乌托邦似的幻景，我们借助这种幻景去阐释和补足日常生活的意义。高度专门化的工业文化迫切需要游戏，因为对许多头脑而言，它们是唯一可以理解的艺术形式。"① 游戏能真正唤醒那被消磨之物。

基于此，人们尤要关注仪式中真正的游戏者，他们或多或少在尝试触碰禁忌物、品尝那些严肃的东西。祠堂、神龛、祭品，可食用的祭物、最显眼的摆设，这些尤其受到游戏者的喜爱。儿童参与仪式，他们在馋嘴中首先体会到严肃的美妙，并将圣餐②的共有私人化为个体的探险，这是艺术诞生的雏形。馋嘴的后果多是责罚——呵斥、打手心或剥夺圣餐的分享权，但成功的馋嘴已将对美妙之物的感受事先纳入自身，且在神圣或道德价值抑制下诞生的超我，此时已将其作为自身的结构基础。③ 游戏为自我的生成提供了自由之要素，这一事件与对禁忌的品尝、对同有圣餐的拒绝相关，一种倾斜的转向在严肃的意外泄露中被生成。仪式中的哭闹、走神、天真而犀利的质疑同样如此，它们以异质物的方式迫使其他参与者④加入自身的游戏。这样，游戏者反而最有可能在严肃中纵深：因仪式的无聊而馋嘴者要比以仪式为食物的一般会众更加敏锐，他们通过馋嘴使仪式远离神圣生命困乏之饥饿。仪式不能只是生活性

---

① 麦克卢汉：《理解媒介：论人的延伸》，何道宽译，商务印书馆，2000年，第290页。
② 此处圣餐指代广义上的可食用的祭品，而不单指基督教的圣餐礼。
③ 这意味着馋嘴不能总是成功且惩罚不能过于严重，否则超我就会变得极为脆弱或太过强固。
④ 如家长、同行的孩童、仪式的主持人、其他与会者甚至路过之人。

的，它要引起的是游戏之兴趣而非加剧了的肉体之欲望。

所以，将竞争仅仅视作游戏的心理驱动因素显然过于简单了，因为游戏在根本上是令人满足的，它是生命活力充沛之结果。人们基于同样的理由去寻求游戏和竞争，人们都与自我的再次生成相关，并指向一种审美的结构性转化。"性的欲望通常并不是直接表达的，而是隐藏在一系列声东击西、姿势、穿着风格和引人注目的行为中。诱惑是舞台化的、剧本化的，也是戏服化的。"① 在经验老到的诱惑中，有欲擒故纵和别出心裁的环境布局，但若这种诱惑发生在忠诚的情侣之间，它就是亲密的艺术。所以，竞技本身代表的是同等关系，在审美的意义上，它可以被定义为同有或共同分享严肃之仪式；而技艺作为其表现，旨在区别出最胜——最差别者。② 这样，竞技-游戏是建立在有限规则的同时本就意图实现仪式自身的转化，其中，从公共向个人、从竞技向审美转变的关键因素是：胜出、无聊、厌倦，它们期待一种超序或越轨。与此同时，游戏同样提供了丰富的结构要素：兴趣、好奇、差异、灵感、倾斜者、失序物、符号的脱落、脆弱物、触碰祭品的尝试、恐惧，它们都希望品尝严肃。竞技，在自身的超越中成为游戏这一自由物。

具体言之，竞技审美的结构变化一方面与参与者和欣赏者的审美能力的发展相关。其表现是审美从身体到理智的过渡中，理智层

---

① 卡斯：《有限和无限的游戏：一个哲学家眼中的竞技世界》，马小悟、余倩译，电子工业出版社，2013年，第105页。
② 对相似者的厌恶、排斥、杀戮与此相关。

面的竞技之美通常更难被大众接受（如飞行棋爱好者的数量远远超过围棋或国际象棋）。人们对一般艺术作品的体验与此类似：那些具象、写实、色彩斑斓的作品更受人喜爱，因为它们将一种现实生活的切身性纳入自身；而抽象画和先锋艺术让人迷惑，观赏者很难直接产生审美层面的共情。同样，在非现实层面，故事性的幻想多胜过理智的抽象演绎，作为生活叙事的夸张形式，前者更加符合大众的审美环境和趣味。其典型表现是硬派科幻总需要华美文辞或丰满故事的修饰，它必须建立在现实描绘的象征之上，才能够被广泛接受。所以，技艺之美事实上由专注于实用产生，是一种由生产满溢而出的物性美学，它符合审美发展的层级。①

另一方面，竞技审美对自身形式的超越与游戏模仿中的艺术的自然生成相关。比如，模拟古代或现代（甚至异世界的）战争的游戏独立成为一种备受喜爱的竞技类型，这来自人们对战争－竞技②的向往。但在去除了真实的血腥和恐怖之后，这种喜爱更加普遍且具有审美意味：其中，血腥和恐怖在可接受中成为修饰品并被游戏的本性吸收，那种现实中的拙劣模仿反而成为一种异质物，游戏拒绝一种变态的审美关注。就此而言，生活于现实世界的杀人犯和性变态者通常沉湎或惊愕于自己的所作所为，他们并未在其中发现任

---

① 李泽厚：《美学三书》，安徽文艺出版社，1999 年，第 547～596 页。
② MOBA 类和 FPS 类游戏成为最主流（其占比分别为 76.6%和 48.4%，超竞教育、腾讯电竞主编：《电子竞技用户分析》，高等教育出版社，2019 年，第 38 页）的电子竞技赛事类型，无疑与其对现代战争的整体或局部模仿有关。

何一种值得重视的审美情感。唯独无法控制的强力或软弱，令其不断沉沦于冷漠或惯常的恐惧。

因此，电子竞技的游戏精神绝不被限制在获得胜利或模仿现实中。通过对有限游戏的无数次游玩，人们早已发现有限重复的感觉表象与来自视觉刺激的直接审美快感之间的关系。[①] 表象的审美是不够的，它生产出厌倦且这种厌倦再热闹的氛围都无法抹除。唯独在无限的游戏——门道对自身的不断突破中，这种表象的快感才能转化为深层次的审美。在更深的层面，每一次竞技游戏的参与都可被视作有限感觉历史的填充物，它的瞬间即是永恒，而这永恒不仅是单纯的而且是脆弱的。但无限游戏的时间不是世界时间，而是由游戏内部创造的时间，其中每个无限游戏都消除了界限，它向参与者展开了一个新的时间视界（horizon）。[②] 换言之，竞技游戏（有限游戏）在内部突破自身，它将有限的竞技规则绵延为无限的游戏精神。

竞技和游戏的历史渊源在前文已阐明：它们在一致的身体和文化结构中诞生，并在精神及其表现层面向审美范畴发展，其中，严肃始终是其转化向度。快速运动和跳跃作为许多原始的游戏用语[③]

[①] 感觉表象随游戏的内容和媒介的形式变化，游戏从电脑转入手机无疑说明了媒介于游戏精神或竞技精神而言的附属地位。所以，唯独游戏的形式本身，真正与美学相关，它的意味变化且恒久。
[②] 卡斯：《有限和无限的游戏：一个哲学家眼中的竞技世界》，马小悟、余倩译，电子工业出版社，2019年，第8页。
[③] 比如高地德语名词 Leich，盎格鲁—撒克逊语 lâcan。

的起点，如今却演化为平台跳跃这一独立游戏类型，正说明了这一点：新的游戏形式事实上蕴含着古老的文化精神。由此，技术时代的电子竞技不仅不能遗忘竞技和游戏本有的历史意涵，还要在技艺的极大繁荣中实现一种美学层面的新突破，即电子竞技可以配以美感的修饰，但不能沦为纯粹的表演。① 游戏的自由性目的是让技术在自身的突破中转向精神层面的审美。在这个意义上，技艺本身与严肃相关，它把严肃的事物固化在仪式的功能或意味中，并通过表演的方式呈现在舞台之上。而人们要做的，正是在热闹的技艺观赏中发现门道。门道是隐约可触的，它拉开观赏主体与对象之间的距离，艺术的光晕由此与宗教的神圣光晕相关联。技艺或技术在表现－仪式层面成为艺术的形式本身。

---

① 纯粹的表演是机械的，但具有美学的意味的竞技表演，作为象征性的交流方式，与戏剧表演有重叠之处。

第六章 论非玩家角色

在电子游戏中，玩家角色（PC，Player Character）和非玩家角色的（NPC，Non-Player Character）的行为被如此限定：第一，提供目标及子目标；第二，定义可能及不可能的行为；第三，预定义功能的设计。[1] 两种类型的角色在互动叙述中共同书写游戏剧场的文本，"沉浸"体验在符号性的玩家角色取代人本身时真正被生成。结果显而易见，"玩家"不仅通过取消"角色"之偏义来同时表征人在游戏之中和游戏之外的身份，作为游戏与人的中介物，它联结两种范畴的人格。所以，即使游戏剧场是为人之游乐而被精心设计，人们仍试图在其中找寻欢愉之外的东西——外貌、形体、话语风格、角色的所有物（游戏币、装备、技能），潜藏的意义索求在欢愉的理想中被展现出来。

由此，一切角色的塑造都被纳入文本意义之中：在虚构的一极，目标、行为和设计分别对应社会系统的整体目标、法律（或伦理）体制和经济结构，被规划的生活场景在游戏中被复刻；而在另一极即实在之地，人们觉察到现实生活的荒诞与游戏相比不遑多让，玩家角色（生活的主角）的主体性是虚幻的，它与非玩家角色（生活的配角和布景）在根本上并没有什么不同。其结果是，有关NPC的言说很快得到了人们的认可，并且其讽刺意味是显而易见

---

[1] Petri Lankoski, Inger Ekman, Satu Heli：《电脑游戏中多面玩家角色的设计方法》，周志威译，《装饰》，2007年第12期，第72～75页。按类型，NPC可分为剧情NPC、功能性NPC，更具体来说又可分为叙事型NPC、任务型NPC、战斗型NPC、交易型NPC等。在广义上，NPC具有趣味、教育、新奇体验等功能的预设。

的：木讷、行为固化、被操纵，这种由程序自动控制的行为表现很自然地被用来类比政治小人物的作为。① 摇旗呐喊者、被收买的投票人、激情跟风者、路人甲，这些人的存在被限定在特定目的或无目的之中，其处境是无意义的。玩家角色成为 NPC，讽刺者成为讽刺之对象。

第一节　角色与生产

在《单向度的人》中，马尔库塞（Herbert Marcuse）对人的需要进行了如下描述："人类的需求，除生物性的需求外，其强度、满足程度乃至特征，总是受先决条件制约的。对某种事情是做还是不做，是赞赏还是破坏，是拥有还是拒斥，其可能性是否会成为一种需要，都取决于这样做对现行的社会制度和利益是否可取和必要。"② 这意味着，人类的需要应服从于社会历史：社会要求个人如何在被抑制中发展，个人的需要及满足这种需要的权利就如何屈就于凌驾其上的标准，此乃现实社会的运作规则。而在游戏世界中，这种规则以设计师对游戏角色的塑造为表现：玩家角色是主导的、强有力的（玩家总是可以重新开始游玩）、体验性的，它们在中介现实中成为永恒之物；而非玩家角色是功能性的、被预设的、背景式的，它们一旦不在场，就失去己身的意义。并且，在根本上，游

---

① 当然，这种理解与早期 NPC 的机械、僵硬表现直接相关。
② 马尔库塞：《单向度的人》，刘继译，上海译文出版社，2006 年，第 6 页。

戏角色是诸种需要的聚合，相关的设计完全以设计者和游玩者的固定或变化的目的展开，人的需要史成为游戏角色的生成史，这与现实中的人没有什么不同。工业社会之后，个人需要的形式是信息符码的接收、获取，人们在被设计的游戏角色中深刻体会到这种在无限数据面前产生的无力感：以信息和文本规则被构建的人物模型，其实质是信息片段的综合之物，它将人粉碎并纳入规则的洪流，并且拒绝个体对意义的生产。其结果是，可复制的信息损耗生命的内在价值，个体的语义完全被符码整体取代。但这种取代最终要被放弃，它会在机械生产中走向同质，而人的需求——工业生产的根基——会随之陨灭。所以，恰是生产本身拒斥需求的极端一致，它发现了内在于人的根本差别。

对应地，游戏角色的设计也在工业生产模式这一基础上展开，它首先要求一种被认可的基础模型。就游戏而言，人们对特定角色的分析可基于以下几点：角色可被感知的特性（躯体、声音、服装）；关于角色的描述，如专有称呼或头衔；角色的行为（包括对话）。[1] 这些条件将角色限定在交互环境和游戏文本之中。而在更具体、更个体化的角色塑造里，埃格里（Egri）描述了建立三维角色所需的骨架结构，如生理学：性别、年龄、躯体、外貌、声音、突出特征、疾病、缺陷等。社会学：职业、爱好、教育、家庭生活、国籍、种族、社会地位、朋友、政治面貌等。心理学：道德标准、

---

[1] Murrey. Smith, *Engaging Characters: Fiction, Emotion, and the Cinema*, Oxford University Press, 1995, 此部分为笔者翻译。

性生活、目标、性情、情结、想象、判断力、品味、智力等。[1] 如此繁复的描述和限定将角色置于仿真的各个范畴。在此基础上,约翰·芬格(John Funge)等人提出了虚拟角色的五层次认知模型,该模型将虚拟角色按照计算机图形学建模的顺序,由低到高依次划分为几何层、运动层、物理层、行为层和认知层。[2] 其中,几何层包括虚拟游戏场景的详细数据及虚拟角色的相关属性数据,例如场景的布局设置、虚拟角色的几何模型和纹理、游戏进程中执行的相关动作更新的数据、运动导航点位置等信息;运动层包括描述虚拟角色的运动算法,即根据行动代码,调用运动控制程序,获取虚拟角色当前的运动信息,渲染虚拟角色的几何模型;物理层包括感觉和知觉,用来采集环境的信息并进行加工;行为层根据当时的一切情景信息制定运动的规划方案,并在此基础上确定当前最可行的行为模式;认知层包括虚拟角色的内部模型,可以用来控制虚拟角色的感知、行为和动作。这样,信息工厂将可行动的角色抽象为数据之流,虚拟形象的生产车间被单独建造起来。

然而,单独的生产车间和枯燥的产品无法满足人们庞大的消费需求,人们对理想游乐情境的消费渴望迫使这一生产进程走向更深层次的仿真和智能。对此,刘箴基于芬格等人的虚拟角色结构层次

---

[1] Lajos Egri, *The Art of Dramatic Writing*, Simon & Schuster, 1960, 此部分为笔者翻译。
[2] John Funge, Xiao yuan Tu, Demetri Terzopoulos, "Cognitive Modeling: Knowledge, Reasoning and Planning for Intelligent Characters," Proceedings of the 26th Annual Conference on Computer Graphics and Interactive Techniques, 1999, pp. 29—38, 此部分为笔者翻译。

模型，提出把系统中的虚拟角色视为能够产生自主行为的智能主体，以此对原本的五个层次进行详细补充，并由此形成了一个新的智能主体结构体系模型。其中，几何层被划分成数据库模块，运动层被划分为运动模块和运动控制模块，物理层被划分为感觉模块和知觉模块，行为层被划分为规划模块和行为模块，而认知层则被划分为知识库模块、内部变量模块和情绪模块。① 模块化的结构无疑让虚拟角色的产品类型-设计语言的更新换代更易实现，它甚至尝试达到生产方式的自主更迭。换言之，即使虚拟角色的自主性在根本上源自人的需求，但无论如何，它已经将一种可被接受的他性纳入自身。

所以，NPC必然要实现主体性的跨越，即非-玩家角色的意味要在平等对话的层面被表达。典型的例子是，Agent技术将计算机系统视作自治的信息处理机器，在特定环境下，既能实现设计目的，又能够进行灵活、自主的活动。在此基础上，伍德里奇（Wooldrige）按照智能的程度将 Agent 分为两种：宽泛而言，Agent用以最一般地说明一个软硬件系统，它具有自治性、社会性、反映性、能动性等特点；严格来说，Agent除要具备上述所有特性外，还应具有一些人类独有的特征，如知识、信念、义务、意图等。由此，Agent 实际上成为以信息环境为身躯和住所的生命

---

① 刘箴：《虚拟人的行为规划模型研究》，《系统仿真学报》，2004年第16卷第10期，第2149~2152页。

体，可被视作信息生命的雏形。其中，被设计者的职能就不只是社会性的、结构性的，在情感和智能的参与下，生命的意志已然发生偏转。郭雷在研究中强调，如果在游戏中想实现 NPC "像人一样思考和行动"，给玩家呈现真实的感觉，就必须要具有物理模拟、路径导航、动作能力、感知能力、记忆能力、决策能力和学习能力等各种能力，如果缺乏上述任何一种能力，NPC 都会表现出某种程度上的"愚蠢"，降低游戏的可玩性。[①] 事实上，当 NPC 与现实或真实感相关时，游戏的性质就已经发生了改变，游戏作为场所此时是交往性的。而一旦这种交往是平等的、可对话的，那么游戏就成为一种生活，不再是非娱乐工业之产物。

第二节　情感与描述

对情感进行类型化描述是个体自我认知的一个重要阶段，即使在人类整体或历史层面，也是如此。人们至今没有忘记盖伦（Galen）关于人的气质的学说正说明了这一点，尽管此学说在目前看来过于简陋、空泛，但那种朴素的描述的确反映了情感交往主体的一般性格类型。按照盖伦的说法，人的血液、黏液、黄胆汁和黑胆汁具有特殊的性质。其中，热、冷和干、湿分别代表了

[①] 郭雷：《计算机游戏中的智能角色研究》，《计算机与数字工程》，2013 年第 41 卷第 1 期，第 60～63 页。

意志的坚强、薄弱及情感的强烈和淡薄。综合之下，黄胆汁（热、干）、黑胆汁（冷、干）、多血质（热、湿）、黏液质（冷、湿）分别表征为：易怒、暴躁，忧郁、悲伤，多思、乐观、活泼，迟钝、冷漠、不好相处的情感原型，人的性情由生理特质影响。对情感的生理分析目前已转入神经科学阶段，"神经心理学和神经生理学方面的最新研究表明，它们是生理实体，位于大脑的特定区域，并且是自然选择的结果。其中一些（包括情感）是相对自动的，与所有类人动物的大脑所例行处理的生命治理的其他领域（基本的新陈代谢、反射、痛苦、愉悦、驱动力、动机）没有什么不同。大多数（也许全部）还与一系列激素和神经递质有关，例如睾酮、雄激素、雌激素、5-羟色胺、多巴胺、内啡肽、催产素、催乳素、加压素和肾上腺素等。这些化学物质产生于遍布全身的腺体和突触，它们促进或阻止信号通过神经通路。它们会诱发我们身体上和体内的躯体状态，帮助确定情感的实际感受。我们与其他动物共享几乎所有这些化学物质，尽管鬣蜥的神经系统不一定会像我们一样使用睾酮。从某种意义上说，这些化学物质都有自己的自然史"[1]。

当然，对情感的分析更多是心理学层面的。比如，保罗·埃克曼（Paul Ekman）就提出了六种基本情感：快乐、愤怒、厌恶、恐

---

[1] 扬·普兰佩尔：《人类的情感：认知与历史》，马百亮、夏凡译，上海人民出版社，2021年，第420～421页。

惧、悲伤和惊讶，他认为或许还可以加上轻蔑、羞愧、内疚、尴尬和敬畏。后来，保罗·埃克曼宣称，基本情感中已有五种被证实，另外三种基本情感则有待验证：一致的证据表明，泛文化的面部表情包含五种情感：愤怒、恐惧、悲伤、享受和厌恶。对于惊讶、蔑视和羞愧/内疚是否有一种泛文化信号，仍然存在分歧。① 有关情感的心理类型划分在最普遍的意义上被虚拟角色的设计者采用，人们相信对于情感的认知有可观察、描述的过程。斯坦利·沙赫特（Stanley Schachter）和杰罗姆·辛格（Jerome Singer）建立了最出名的情感模型，其中，情感作为对象既是生理的，又是心理的。

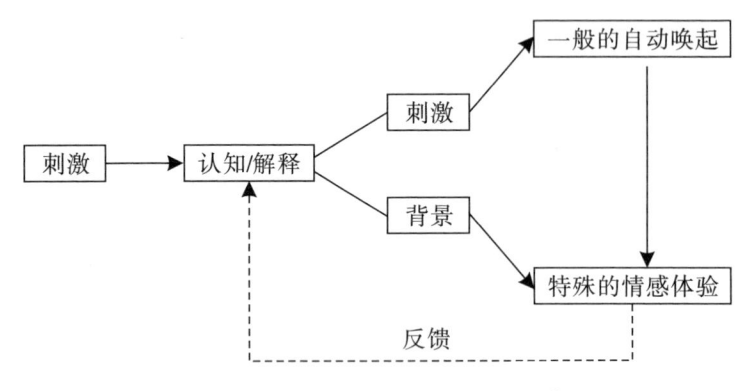

图 6-1　沙赫特-辛格的情感模型②

此外，玛格达·阿诺德（Magda Arnold）和约翰·A.加森（John

---

① 扬·普兰佩尔：《人类的情感：认知与历史》，马百亮、夏凡译，上海人民出版社，2021年，第 235～236 页。
② 扬·普兰佩尔：《人类的情感：认知与历史》，马百亮、夏凡译，上海人民出版社，2021年，第 315 页。

A. Gasson)在认知心理学层面[1]提出了情感的评价模型,这一模型可以简化为知觉—评估—情感,情感由此又与信念相关联。

这样,情感的文化普遍性自然被纳入语言之中,安娜·韦尔兹比卡(Anna Wierzbicka)就自然语义元语言提出了以下假设。第一,所有语言都有一个表达"感觉"的词。第二,在所有语言中,有些感觉可以被描述为"好的",有些则可以被描述为"坏的",而有些则既被认为"不好"也"不坏"。第三,所有语言都有与哭泣和微笑相对应的词语,尽管意思不一定完全对等,这些是表达身体好的感觉和坏的感觉的词语。第四,在所有文化中,人们似乎都把一些面部表情与好的或坏的感觉联系在一起,尤其是,人们把嘴角上扬与好的感觉联系在一起,而嘴角向下或鼻子皱起与坏的感觉联系在一起。第五,所有语言都有"情感"感叹词,表达基于认知的情感的感叹词。第六,所有语言都有一些"情感术语",表示一些基于认知的情感的术语。第七,所有语言都有词语来表达:其一,"坏事会发生在我身上"的想法;其二,"我想做点什么"的想法;其三,"人们可能会认为我不好"的想法。这些词语与英语里表达害怕、愤怒和羞愧的词语有语意重叠(虽然并不完全一样)。第八,在所有语言中,人们都可以通过可观察到的身体"症状",通过一些被认为是这些感觉的特征的身体事件来描述基于认知的感觉。第

---

[1] 在认知心理学层面,迪特里希·多纳(Dietrich Dorner)提出了 PSI 理论,该理论涵盖了人类的动作调节、意图选择和情感等方面,将人的心智建模为讯息处理代理,由一系列基本的生理、社会和认知的驱动力控制。

九，在所有语言中，基于认知的感觉都可以通过身体的感觉来描述。第十，在所有语言中，基于认知的情感都可以通过比喻性的"身体意象"来描述。第十一，在所有语言中，都有不同的语法结构来描述（和解释）基于认知的情感。[1] 概言之，建立在跨语言研究之上的情感表达分析确证了如下观点：不同时代不同文化和社会思考和谈论情感的方式存在共性和普遍性。

然而，即便如此，这种语言层面的一致性也不支持机器语言取代自然语言，它会导致个体描述的衰退。并且，一旦语义成为单一的事物，那么被描述者就会丧失自身的根本规定，主体很容易被限定者取代。所以，语言只在容纳不可描述之物的基础上承认那种普遍主义，它接受异质之物。如奥思尼尔·德洛尔（Otniel Dror）所言：从定义上说，情感是一种意外事件，即使在实验室里，也常常是无法预测的。情感意味着实验室对动物机器、可靠控制、可预测性、可复制性和标准化的理想的崩溃。[2] 它因为不可规训，而真正属于生命。

事实上，对情感进行简单类型概述的反对早已出现。[3] 比如丹尼尔·M. 格罗斯（Daniel M. Gross）就指出，埃克曼是把情感

---

[1] 扬·普兰佩尔：《人类的情感：认知与历史》，马百亮、夏凡译，上海人民出版社，2021年，第210～211页。

[2] 扬·普兰佩尔：《人类的情感：认知与历史》，马百亮、夏凡译，上海人民出版社，2021年，第290页。

[3] 一种典型的表述是："情感包括所有使人改变看法另作判断的情绪，伴之而来的是苦恼或快感，例如忿怒、怜悯、恐惧和诸如此类的情绪以及和这些情绪相反的情绪。"（亚里士多德：《修辞学》，罗念生译，生活·读书·新知三联书店，1991年，第70页）亚氏旨在定义情感的本质，而非建立一种类型学。

限制在短暂的、自发的生理事件上，认为只有六种基本的情感；而达尔文已然意识到了情感的复杂性，他强调的是想象力，诸如爱、同情、憎恨、怀疑、嫉妒、吝啬、骄傲等具体情感内容，而没有将之划分为精确而独特的表现类别。① 并且，对于情感的社会建构主义者来说，为了保持情感的一致性，宣称"X 的社会建构"这一做法必须是没有意义的。因为"情感"是一个西方的概念，有一个特定的含义，与当地文化中的概念不一致，而情感人类学不能使用任何元概念（包括"情感"）来描述外来文化。

同样，试图将人类情感完全复刻到 NPC 上并使其情感结构与"玩家"而非"玩家角色"一致是没有必要的，这种同质的情感体验很快就会带来无聊甚至厌恶的感觉。人们注意到，对类人机器或虚拟角色的移情有一个有趣的副作用，即如果类人机器或虚拟角色太像人类，所有的同情都会消失，取而代之的是厌恶。例如，电影《怪物史莱克》的制作团队就不得不减弱菲奥娜公主与人类的相似性，因为"她开始变得过于真实，而且效果明显让人不快"。机器人专家森政弘（Masahiro Mori）发现了这种效应，并将其命名为"恐怖谷"（uncanny valley）②，而恐怖正是在绝对同质中诞生的面对相异者的情感。所以，NPC 的情感表现应当差别于人，而这种

---

① 扬·普兰佩尔：《人类的情感：认知与历史》，马百亮、夏凡译，上海人民出版社，2021年，第 269 页。
② 扬·普兰佩尔：《人类的情感：认知与历史》，马百亮、夏凡译，上海人民出版社，2021年，第 48 页。

差别正根于其信息生命的认知与智能。

第三节　算法与智能

当人们提及计算时，其相关的联想通常是智能。这种与自由意志根本联结的生命特性，很大程度上与选择或决策的程式、样态、结果相关联。并且，一旦人们将一切可被描述之物分解为变量、涵式及对应的算法，那么概率、模态、行为逻辑就会成为信息生命的结构元素，它们乃是主体性的构造基础。在这个意义上，拥有与人之智能类似的自治的信息的生产者和接收者，即是虚拟生命。[①]

而根据鲁道夫·卡尔纳普（Rudolf Carnap）的说法，"实在"本就与语言的使用相关，信息生命的实在正在光电－符号层面得到确证。"相当普遍流行的语言习惯是把这些物理事物的过程和状态叫做实在的。在很大程度上，这也适用于感性的质的特性，尽管这里已有所不同。然而，对于由物理事物组成的整体来说，语言用法的差异则更广泛地出现；此指由作为其空间部分的事物构成的那些类似物理事物的对象，但其本身并不必是有空间联系的……如果构成整体的这些个别事物在空间上是互相临近的，那末我们就常常把这个整体称为实在的，有时甚至把这个整体本身也叫作事物（例

---

① 更进一步，用各种学习算法来适应环境的 NPCs 被称为 ANPCs（黄向阳、彭岩、张树东等：《一个基于情景演算的自主非玩家角色模型研究》，《电子学报》，2010 年第 38 卷第 5 期，第 1221～1225 页）。

如，一个沙堆、一座树林）。如果这些个别事物在空间上是互相远离的，那末这些个别事物愈是彼此类似的，我们就愈是称这个整体为实在的。"[①] 这样，智能生命整体就与虚拟角色尤其是 NPC 相关联。

事实上，在很长一段时间里，非玩家角色的行为策略与动作的设计完全是依靠游戏设计者的精心设计来完成的（这意味着游戏设计者必须考虑行为的每一个细节），而通常采用的技术就是有限状态机和基于规则的方法。"在这些方法中，有基于认知模型的，如 Laird 的 Soarbot 方法和 Norling 的 BDI 方法；有基于模仿学习的，如 Thurau 等、Gorman 等及 Hy 等提出的贝叶斯学习方法；有基于行为的方法，如 Khoo 等将机器人行为生成技术应用于 NPCs 的行为生成中；有基于强化学习的方法，如 Marthi 等和 Champandard 的方法。"[②] 换言之，这些方法更多与 NPC 的决策即对应的行为相关，它们决定信息生命的行为逻辑。

而在更加具体的层面，基于传统算法的游戏 AI 决策主要包括有限状态机（Finite-State Machine，FSM）、行为树（Behavior Tree，BT）和产生式系统（Production System，PS）三种；与此同时，基于机器学习的游戏 AI 决策包括遗传算法、决策树和人工

[①] 鲁道夫·卡尔纳普：《世界的逻辑构造》，陈启伟译，上海译文出版社，1999 年，第 309 页。
[②] 杜小勤、李庆华、韩建军：《一种基于 HAMs 的行为设计方法》，《计算机仿真》，2008 年第 25 卷第 3 期，第 327 页。

神经网络。对于信息生命而言，学习技术可以分为监督学习（Supervised Learning）、无监督学习（Unsupervised Learning）和强化学习（Reinforcement Learning）三大类，其中强化学习是一种以环境反馈作为输入的、特殊的、适应环境的机械学习方法。在此基础上，尤其在人工智能（Agent）出现之后，深度置信网络（Deep Belief Networks，DBN）、进化神经网络（Evolutionary Neural Networks，ENN）、深度神经网络（Deep Neural Networks，DNN）、卷积神经网络（Convolutional Neural Networks，CNN）和循环神经网络（Recurrent Neural Networks，RNN）使机械智能进入深度学习阶段。就目前而言，深度强化学习（Deep Q-Learning Networks，DQN）是一种新的进展。

所以，非玩家角色的智能必定体现在其自治的难以预料之中，对人的完全复仿也在人未知之处得以成就。即使在当下，NPC对人的情感、行为的模仿也是可能的，比如 Jung-Ying Wang 和 Wei-Han Li 首先使用两种流行的机器学习方法——神经网络（NN，Neural Network）和支持向量机（SVM，Support Vector Machine）——来预测非玩家角色可能激发哪种情绪。[①] 与此同时，黄向阳、张娜、王旭仁等人基于部分可观察马尔科夫决策过程 POMDP（Partially Observable Markov Decision Process）和分层

---

① Jung-Ying Wang, Wei-Han Li, *Simulation of Flocking Behavior in Game by Human Emotions-Using Embedded Support Vector Machine*, IACSIT Press, 2012, pp.16—20.

理论提出一种基于规划的情感模型 PEM（Planning-Emotion Model），[①] 此模型让人与非玩家角色的交往更加真实。

在具体的交互中，玩家可真正进入玩家角色中与非玩家角色进行互动。非玩家角色通过身体动作和说话方式来表明它们是支配型或顺从型，它们可以做一个支配立场的动作（打开双臂），但却运用犹豫不决、顺从风格的语言（"可能是什么"和"或许"）。在研究中，每人看到四个版本——单一主导版本、单一顺从版本、混合主导版本和混合顺从版本——的非玩家角色中的一个（主导性动作和顺从性语言，或顺从性动作和主导性语言），和真实人类的情况一样，那些和混合版本非玩家角色互动的参与者更不易受到影响。这一结果的直接表现是，与单一版本非玩家角色交流的参与者相比，他们极少改变物品的排列顺序。对比现实生活中非语言连贯性与诚实可信的关联，令人惊讶地发现，各种各样的反应也适用于虚拟人类。在某种程度上，非玩家角色展现了人类相似的行为和反应，我们在它们身上契合了社会规范和自然的情绪反应。这意味着游戏设计者利用玩家和非玩家角色建立的关系时，可以为玩家创造强烈的情感经历。[②] 这样，一种交往的、情感的真实就在主体之间发生，非玩家角色反而比玩家角色更加让人亲近。

[①] 黄向阳、张娜、王旭仁等：《一种用于部分可观察随机域的情感计算模型》，《计算机应用与软件》，2016 年第 33 卷第 2 期，第 73～76＋114 页。
[②] 田颖：《〈游戏感人的方式：情感设计〉（第一章）翻译实践报告》，四川外国语大学硕士论文，2017 年，第 55 页。

第四节　表演与交往

事实上，非玩家角色本就意味着一种他在。因为若无玩家角色的中介，任何对数字生命的深刻理解都是不可能的。这种真实的临在、切近之感与人们阅读故事、观赏戏剧得到的情感体验有着根本差别，人们在游戏中获得的真实感受是一般观赏无法达到的。

按照詹姆士·纽曼（James Newman）认为，在游戏情境中，玩家居住（inhabit）在化身中，玩家不是"成为"（becoming）一个特定的角色，而是通过他们的眼睛去看世界。游戏通常要求玩家化身与其他角色进行交互，化身是玩家进入虚拟世界的"令牌"（token），是他们着手在这个世界中展现自我的、可进入的虚拟躯壳。玩家的物理身体保持在现实世界中，而玩家的思维或感知则被投射到化身的虚拟身体所在的游戏世界中，因此化身弥合了现实世界物质体和游戏世界虚拟体的边界空间，虚拟的化身使他们真实世界（actual-world）的自我更加"真实"，我们能够更加靠近我们所理解的真实的自我，而不受到社会约束或者物质体的影响。[①]

[①] 张梦雨：《"在场"和"共情"：叙事传输视角下的游戏体验设计研究》，《南京艺术学院学报（美术与设计）》，2021年第4期，第85页。

换言之，感官体验的增强带来的绝非单纯的更加容易激发的共情，它在根本上塑造了一种新的符号——生命类型。这意味着，非玩家角色不仅是表演者或参演者，而在剧场之外，它们共在。

当然，非玩家角色仍然承担表演者的功能。因为在根本上，数字游戏中的非玩家角色是程序的一部分，是计算机通过人工智能进行控制的。理论上来说，每个计算机操控的可移动体都可以称之为非玩家角色，但在一般意义上，该术语保留给那些与他人区别开来并具有一定个性的计算机控制角色，该角色和玩家的互动主要以对话的形式出现。非玩家角色既是虚拟世界的一部分存在，也是模拟环境中的"共同表演者"（co-performers），他们使游戏空间变得生动起来，并将模拟环境转变为社会环境。[①] 这种玩家与非玩家角色共同参与的表演在剧场或处境活化的意义上是仪式性的：原人为部落的土地繁荣而祝神，虚拟角色则为游戏空间的意义生成起舞。信息生命因为现实之人的参与而被激起活力，在这之后，一种自在的虚拟空间被建立起来了。

所以，文学作品、舞台表演[②]中的角色与游戏中的非玩家角色具有根本上的不同，前者始终是被观赏者、潜在而普遍的中介者，它们不具备真正的他性，而后者因着"化身"的出现而真正被区别

---

① 张梦雨：《"在场"和"共情"：叙事传输视角下的游戏体验设计研究》，《南京艺术学院学报（美术与设计）》，2021年第4期，第82～87页。
② 包括戏剧、影视等注重视觉表现的艺术形式。

开来。玩家对非玩家角色的同情因对话、交往而产生，这是主体情感的直接激起，那种情感关系在虚拟生活中真实、可靠，并且这种生活经验（即使是虚拟的）不会因脱离剧场而被耗费。与之相较，文学作品、舞台表演中的角色虽栩栩如生、让人感动，但那种强烈的艺术共情很快会由于角色的离场而快速消退。审美情感此时是间在的，它因欣赏的中断而潜藏。其结果是舞台角色与生活情感相割裂。这样，非玩家角色带来的情感体验更加生活化，它在交往中塑造另一种真诚的关系，这种关系因平等而自由的对话而发生。所以，在交往的意义上，文学作品、舞台表演中的角色是真正他性的，它们被设定，是优秀的群众，化身在此处缺席。人们的置身因临在而不真实，带入其中的体验并不生产对话的意义。而化身——共在者——真正使主体与主体联结，它在区分主体与他者的同时，真正将他者的意义设定为自由。①

这样，不同类型角色的言语和行动实际上代表了不同的艺术呈现，而不同的艺术表达与其他范畴差别相关。文学角色的注视无疑极尽修饰、充满想象。柔情与甜蜜，与爱情相关的语词让人心旷神怡，但这种诗性的描绘不比电影的视觉呈现更加直观。《泰坦尼克号》中杰克和罗丝在船尾相视、相拥、亲吻的画面令观者难以忘却，这种被精心设计的视觉语言是普通人的想象达不到的。而在游戏中，拥有固定身份的玩家被不同的 NPC 注视，那种直视带来的

---

① 宗教中的化身也有如此作用，并且其化身更加丰富、具体。

压迫直接使注视成为伦理性的凝视。玩家要为不同的抉择接受不同的注目,从中会诞生一种真实的伦理情感。

因此,单纯的欣赏带来的审美感受是移情的或共情的,它并不切身,其中的角色仅仅在表演。但能够对话的角色[①]是在场的,它们开启生活、伦理甚至宗教的空间。在这个意义上,游戏类似一种行为的艺术,即使它没有实验的形式、概念的诉求,但化身本就是一种参与、在场。并且,深刻并非游戏的一般目的,它旨在追寻自由。"正如皮尔斯(Celia Pearce)所说,'成为化身意味着对自我的探索与对他人的探索一样多,更具体来说它意味着通过他人探索自我,他人成为了探索自我的媒介。我们创造了化身,而我们的化身也创造了我们'。"[②] 他者真正借由符号形象将主体规定为同在者。

就目前而言,非玩家角色的人格塑造无疑有所欠缺。典型的例子是,已有的情感特征数据化方法和结构设计无法处理复杂、细腻的情感,更无法模拟或应对情绪崩溃的极端状况。情感表现的数据化和图像化缺乏真实的、身体的反应(如躲避、后退)以及对应的心理状况,这些都与人格和自由意志根本关联。其结果是生理体验的缺失使得玩家对情感体验更加重视,但情感体验的一致和深

[①] 共情或移情的对象并不限制在玩家角色中,NPC 亦可,这意味着,NPC 在多种维度参与审美。
[②] 张梦雨:《"在场"和"共情":叙事传输视角下的游戏体验设计研究》,《南京艺术学院学报(美术与设计)》,2021 年第 4 期,第 85 页。

入——移情或共情——并不容易达到。与此同时，遗传算法对生命进化进行的模拟只是一种生理学的尝试，它同社会达尔文主义一样，都是一种粗陋而无奈的描述。毕竟，与创造性相关的考量并不适用于他者，其中，人未知的只是实时状态和变量计算的结果。所以，只有那样一种平等的反在或共在，才称得上人工智能完整形式，并且这种存在极其脆弱。一旦可以被强制重新建立关系的NPC自治，那么无法被重启的关系可能引发战争——而这却是真正的情感。

当然，即便如此，人与信息生命的交互也是可实现的，甚至人自身就能成为某种形式的赛博生命。并且，在根本上，我们不是要等待"把人类精神下载到机器中"[①]成为可能，而是要使我们的生命形式拥有这种新型的体验空间，这首先是一种审美的参与。这种生命形式注定要去创造自己的进化论的接班人，他们要比人类更有能力在数字的"生命奋斗"中存活下来。无论新的学科如纳米技术、生物技术如何发展与协同，人工智能和人造生命仍然是包蕴在人类话语之内（涉及所有相关的难以解决的本体论和伦理学问题），这种议程看来最终会不以人的意志为转移导向某种后人类生命形式的创造。[②] 信息生命是他性的，而他者之在以"非意义之在"[③]为基础。

[①] 如摩拉维克斯程序（Moravecs's procedure）。
[②] 穆尔：《赛博空间的奥德赛：走向虚拟本体论与人类学》，麦永雄译，广西师范大学出版社，2007年，第276页。
[③] 即信息生命之在也是"存在先于本质"的。

第七章 论周期与脆弱

生活世界的一个宝贵经验是：形式越简单的东西越不需深究，其本质十分可怕，它致使人谵妄。在精神分裂和妄想症中，人们很容易就发现了这种被称为"刺激诱因"的事物，它使意识或心理的结构发生异变，身体紊乱、败坏，常态生命的界限由此被打破。因此，即使人们不去刻意寻求这类精神病征与宗教情感的相似性，这种在虚无中涌动的事物也暗示了某种可被觉知的灵魂上的感染：刺激的冲力迫使人嵌入那种不可理解的观念中，一种强力的异质性侵入使主体成为主体的事物；生命的结构开始碎片化，它被无机的附着者腐蚀。在裸露或失去保护功能的生存境况（如退场或不被信任的宗教环境、政治环境）中，若主体未能自行愈合这种根本的苦痛，那么意识的感染便会蔓延全身，直至人归于最可靠的生命形式——死亡。所以，部分宗教情感的确是有疗愈作用的，它抑制那使人开裂的力量。但最为关键的是，人们需要保持一种认知的清醒：一切伟大和崇高在此都是表象性的[①]，它们并不生成某种虚无的抵抗物；是抵抗本身生产有机者的兴奋剂和刺激物，即使它自身十分脆弱。在这一点上，尼采的永恒轮回学说恰好说明了这个常人难以理解的吊诡："让我们以其最可怕的形式来思考这个观念，存在正如它所是，没有任何意义或目标，却无情地再现，没有以无告终：'永恒轮回'。这是最极端形式的虚无主义；作为永恒的无（'无意义'）！"肯定虚无不是否定，而恰恰是"肯定"。极端的虚无

[①] 伟大的东西是脆弱的，而必然的则可能是破坏性的（威廉斯：《羞耻与必然性》，吴天岳译，北京大学出版社，2014年，2008年版序言第5页）。

主义者不会像基督教那样掩盖存在的虚无,而是相反,他承认虚无的永恒。永恒轮回的观念是虚无主义的危机,是颠倒的虚无主义。要一切存在永恒轮回(永恒轮回意志)就是"虚无主义的自我克服",通过这种意志,人克服了终极的观念——自我毁灭。① 与神圣相比,虚无是否更具或至少具有同等的永恒特质尚未可知,但其存在一定是可信的:因为恰是最脆弱的事物在反抗不可反抗之物,而这种脆弱本身即真实。② 所以,存在者接受脆弱,反而是最值得说道的生命现象。

第一节 永恒轮回与时空周期

通过言说虚无,尼采为人们揭示了一个可怖的世界的真相:永恒的轮回。积极的虚无通过形式的蜷曲造就一种规则的褶皱,它将一切生命现象压缩为周期性的环形态,且在这个环中,一切内容及其形式的表象都变得脆弱。"滚滚世界车轮,把一个个目的碾碎,怨者说它是痛苦,傻瓜说它是游戏……掌握一切的世界游戏啊,

---

① 尼采:《权力意志与永恒轮回》,沃尔法特编,虞龙发译,上海译文出版社,2016 年,导论第 18~19 页。
② 真实价值在假象价值的蒙遮下"透明地"透射——透过阴影发出些许微光——依然是整个体验关系的一个无法取消的组成部分(马克思·舍勒:《道德意识中的怨恨与羞感》,刘小林主编,罗悌伦、林克译,北京师范大学出版社,2014 年,第 26~27 页)。即真实价值总透出柔软的光晕。

混淆着真与伪……"① "世界车轮""世界游戏"都属于"世界孩子",即:"世界之时"。世界车轮是世界之时的世界车轮,即爱恩的世界车轮。尼采从中不仅听到了生命之时的脚步声,而且还听到了永恒时代及全部永恒时代的脚步声,也就是赫拉克利特(Heraclitus)的"大年"说及约翰·沃尔夫冈·冯·歌德(Johann Wolfgang von Goethe)的万年说。② 时间在生命群落的印迹中成为历史性的,轮回的每一个周期都成为一件展品,它们将自身具化为存在者那时或那世的全部生存背景。由此,一般意义上的轮回是脆弱的,其时间化和空间化都在塑造某种易碎的(大写他者的③)面孔。

一方面,永恒轮回的时间化呈现生命历史的代际性,即人们总以个体生命的全部为标准去度量群体及其境况,"客观的"时间于是与生命的时间等同或内化于其中。所以,有关时间的言说首先显明的是世代而非时代,前者衍生出一种情感的抽象,它在感慨中拥有无力的轮回形式。在这个意义上,世代即生命周期,它尤指主体性凸现的生命对时间的占有。无论是时间的配给抑或生命否定之定量,世代的语言游戏都呈现一种深刻的语义学矛盾。但它总归不止意味人的三十年抑或昆虫的一生、产品的一个时期,世代在时间中

---

① 尼采:《权力意志与永恒轮回》,沃尔法特编,虞龙发译,上海译文出版社,2016年,第326页。
② 尼采:《权力意志与永恒轮回》,沃尔法特编,虞龙发译,上海译文出版社,2016年,第327页。
③ Other,此处大写的他者在指称神圣或存在本身的意义上被使用。

不断生产某一类群。

事实上，cohort 和 generation（皆译为世代）的区分正基于此，前者将广义上的类群聚焦于人，而后者仍旧包含一切存在物（如各种意义上的生物群落、产品等），具有文学的特质。进而言之，cohort 一词原本用来形容士兵队伍，现在有时用来泛指一群拥有某些相同特质的人。在科学分类中（如社会学、心理学、人类学等），这个词常被用来形容在特定时间段中经历过特定事件的人群，即"世代"作为社会学研究中最常见的同期群研究对象，指称特定年份、某十年间或其他时间段内出生的人群。如果没有限定词特指，那么文献中所说的同期群研究就是世代研究。[①] 在形式上，年龄、时期和世代三个因素恰好构成一个线性函数式，其中"年龄＝时期－出生年"，为一个恒等式。而对世代效应研究的最新进展是年龄—时期—世代—特征（APCC）模型，这些模型包括一个或一个以上的"世代特征"，其中世代群体随变量的更迭呈现结构性变化。这样，社会科学将轮回的周期性表达为结构化的生命现象，主体性在此胜过时间－历史之表象。

与之相对，另一方面，永恒轮回演化一种交替、往复的空间结构。此结构与力相关，在形上的言述中，这个世界是一个力的怪物，它不会变大，也不会变小，不消耗自身，而只是进行转换。作为总体大小不变的巨力，它没有支出，也没有损失，但同样也无增

[①] 格伦：《世代分析》，於嘉译，格致出版社、上海人民出版社，2012年，第5页。

长，没有收入。它被"虚无"所缠绕，就像被自己的界限所缠绕一样，不是任何模糊的东西，不是任何挥霍的东西，不是无限扩张的东西，而是置入一个有限空间，不是那种某处"空虚"的空间，不是任何地方都有的。毋宁说，作为力无处不在，是力和力浪的嬉戏，同时是"一"和"众"在此处聚积，同时在彼处削减，就像翻腾和涨潮的大海，永远变幻不息，永远复归。以千万年为期的轮回，其形有潮有汐，由最简单到最复杂，由最静最僵、最冷变成最炽热、最粗野、最自相矛盾，然而又从充盈状态复归简单状态，从矛盾嬉戏回到和谐的快乐，在其轨道和年月的吻合中自我肯定。作为必然永远回归的东西，作为转变的东西，不知更替、不知厌烦、不知疲倦的东西，这就是我的永恒自我创造、永恒自我毁灭的狄俄尼索斯的世界，这个双料快乐的神秘世界。它就是我的善与恶的彼岸：没有目的，假如目的不存在于循环的幸福中的话；没有意志，假如不是一个循环对自身有着善良的意志的话——你们想给这个世界起个名字吗？你们想为它的所有谜团寻找答案吗？这不也是对你们这些最隐秘的人、最强壮的人、最无所畏惧的人、最子夜的人投射的一束灵光吗？这就是权力意志的世界——此外一切皆无！而你们自身也就是权力意志——此外一切皆无！[①]

世界即权力意志本身，它是冲创、绵延的欲望机器的自我运

---

① 尼采：《权力意志与永恒轮回》，沃尔法特编，虞龙发译，上海译文出版社，2016年，第159〜160页。

转。这意味着，永恒轮回构建的是一种基于力比多和生命意志的时空模型，它将现象视作某种生命的流，且这流最终回归到抽象的本质——力或意志——中。但流毕竟是形式的表象，被无始无终的永恒威胁，人的意志在此陷入无限恐怖。所以，与意志等同的力是排斥空间性永在的，它是那种创造性的生成与毁灭，一切凝固物都会在其中粉碎。如尼采所言，爱生命几乎是爱长寿的反面。一切的爱都想到眼前和永恒——但从未想到"长久"。① 长久是瞬时的，权力意志将无时无刻不在幻灭和生成纳入创造事件并将之规定为现象，在这个意义上，越是脆弱者便越真实。

除此之外，时间或空间本身也可能是不稳固的，可被视作某种"大"现象②。而现象有生灭，佛教将时空之坏称为劫的一种（梵语 kalpa，巴利语 kappa），劫度量一切有。具言之，佛经中称世界有大变化的周期为劫，有小劫、中劫、大劫三级。一般说人寿每百年增一岁，从十岁增至八万四千岁后，复从八万四千岁渐减至十岁，如是一增一减，名一小劫，合一千六百八十万年。如是增减十八反，为一中劫，或言二十小劫为一中劫，合二亿三千六百万年。四中劫为一大劫，合十三亿四千四百万年。一大劫中，三千大千世界同时成坏，分为成、住、坏、空四中劫。成劫世界开始形成，住劫为形成后的相对稳定期，只有在此期间三禅天以下的众生才渐次出

---

① 尼采：《权力意志与永恒轮回》，沃尔法特编，虞龙发译，上海译文出版社，2016 年，第 97 页。
② 现象之大无有超出者，可谓之因缘。

现。坏劫世界破坏，众生不存。空劫为从坏尽到再生成的间歇阶段。① 这样，生命现象与其生存背景同构，在脆弱中成为实在之物，而其结构正是那被称为周期的东西。

第二节 主体周期与个体生命

根据亨利·柏格森（Henri Bergson）的说法，有一条无可更改的规律，像西绪福斯（Sisyphus）推动的那块巨石一样，使它们在几乎达到顶点时注定要落回去；这个规律将它们投射到空间和时间里，它们不是别的，正是它们原初的不充分性本身的恒常性。成长与衰落的交替嬗递，永远在不断重新开始的一次次进化，天体运行的无限重复——这一切全都表现了某种根本的不足（deficit），而材料性就存在于这种不足之中。这意味着，脆弱本身即不完满，而不足将永恒限定为轮回的形式。所以，弥补这个不足立即就取消了空间和时间；换句话说，立即就取消了那种永远更新的摆动，其目标始终是要恢复稳定的平衡，却永远不能实现。事物之间又一次相互渗透了。那些在空间中扩展的东西被压缩成了纯粹的形式。而过去、当前和未来则缩减成了单一的瞬间，而这个瞬间就是永恒。② 这样，物质的不可渗透性不是一种物理上的需要，而是一种逻辑上

---

① 陈兵：《佛教生死学》，中央编译出版社，2012年，第134页。
② 柏格森：《创造进化论》，肖聿译，华夏出版社，1999年，第275页。

的需要①，预设了某种可被观察的自治——主体性。

事实上，主体的展开正是瞬间意志的。这一瞬间就是这样：曾有过一次和多次，并将同样轮回，一切力如现时一样分布精确，瞬间的情况同样如此，瞬间诞生出瞬间，随着瞬间又生出现时的孩子。人啊！你的整个生命像沙漏一样一再地倒置，一再地流逝——其间有个伟大的时分直至所有条件——你就是在这些条件中、在世界循环中变成你自己——重新聚集。然后，你又发现每次痛苦、每次快乐、每个朋友、每个敌人、每个希望、每个谬误、每根草茎、每缕阳光，即万物的整个联系。这个轮回永放光芒，你是轮回中的一粟。人类生存的每次轮回都有这一时刻：一种最强有力的思想。首先出现在一个人身上，然后出现在许多人身上，接着出现在所有人身上。这就是万物永远轮回的思想——对人类来说每次都是正午时刻。② 永恒轮回的瞬时性真正生成个体。

因此，永恒轮回的主体反对那种绝对自治的观念，即并非由永恒之存在分化意志的所有者。在这点上，弱思想（pensiero debole）是一种更能意识到自身局限性的思想，这种思想放弃了对整体和形而上学视野的坚持。最重要的是，一种弱化的理论是形而上学终结时代存在的构成特征。事实上，如果海德格尔对客观主义形而上学的批判不能通过用一个更充分的存在概念（仍然被认为是一个对

---

① 柏格森：《时间与自由意志》，冯怀信译，安徽人民出版社，2013年，第71页。
② 尼采：《权力意志与永恒轮回》，沃尔法特编，虞龙发译，上海译文出版社，2016年，第85页。

象）来取代后者而得以推进，那么人们将不得不认为存在在任何意义上都不具有对象的存在特征。① 这也意味着，新的主体恰是那被传统学说忽视或刻意放弃的事物，它们的不足或脆弱反而成为新的实在。所以，脆弱在软弱之中生长，生命与无机物的结合在苦痛扭转既有物的本性。在这个意义上，事件是斯拉沃热·齐泽克（Slavoj Žižek）所说的"绝对的脆弱"② ——当齐泽克不再滥用后现代理论时，他经常提供极好的后现代商品——脆弱因其微妙，绝对因其贵重。事件是嫩芽和树苗，最脆弱的生长，新生和初期的激动，后现代思想必须竭尽全力养育并保其安全。后现代主义是事件的园艺、事件的思考，为事件提供庇护所和安全的港湾。③ 在上帝之死或我思之死的背景下，边缘的个体和身体首先成为被复苏者。

　　具言之，边缘个体的被唤醒与周期的无价值相关。如尼采所说，存在如其本身那样无意义、无目的，却无可避免轮回着，没有终极目的，直至虚无：这就是"永恒轮回"。这是最极端的虚无主义形式：虚无（"无意义"）永恒！佛教的欧洲形式：知识和力的能量强迫人们有这样的信仰。这是一切可能假说中最科学的。我们否认终极目标：假如存在真有目标，那想必它已经达到。④ 因此，周

---

① Gianni Vattimo, *Belief*, Luca D'Isanto and David Webb trans., Stanford, Stanford University Press, 1999, p. 35, 此部分为笔者翻译。
② Fragile absolute, 或译绝对的易碎。
③ Gianni Vattimo, John D. Caputo, *After the death of God*, Jeffrey W. Robbins ed, Columbia University Press, 2007, p. 48, 此部分为笔者翻译。
④ 尼采：《权力意志与永恒轮回》，沃尔法特编，虞龙发译，上海译文出版社，2016 年，第 199 页。

期本身就是一种反价值的规范，杜绝那种以长久和永恒为实用价值或审美价值的倾向。"蜩与学鸠笑之曰：我决起而飞，枪榆枋，时则不至，而控于地而已矣；奚以之九万里而南为？适莽苍者，三餐而反，腹犹果然；适百里者宿舂粮；适千里者，三月聚粮。之二虫又何知？小知不及大知，小年不及大年。奚以知其然也？朝菌不知晦朔，蟪蛄不知春秋，此小年也。楚之南有冥灵者，以五百岁为春，五百岁为秋；上古有大椿者，以八千岁为春，八千岁为秋。而彭祖乃今以久特闻，众人匹之，不亦悲乎。"[①] 逍遥者，将生命周期内化于瞬时永恒者也。

与之相较，身体现象中周期的脆弱性可被视作生命冲动形式中的一种，暗示了那种被厌弃的、苦恼着的、最本真的东西。根据柏格森的研究，在不那么幸运的个体身上，可能确实已经产生了大量互不协调的变异；自然选择可能已经淘汰了这些个体；而只有那些适应延迟视觉、能够保留和改进视觉的联合体，才能存活下来。所以，脆弱者和苦痛的承担者建立了完美生命的表象。在最低的层面，这些联合体必须被产生出来。且即使假定机会将提供一次这样的恩惠：在一个物种的历史进程中，机会重复了本身相同的恩惠，以使每个时刻都同时产生新的复杂体，它们奇迹般地互相参照、互相调整，因而联系着先前的复杂体，并且按照相同的方向继续前

[①] 吴澄：《庄子内篇订正（卷上）》，载《道藏》第16册，文物出版社、上海书店、天津古籍出版社，1988年，第16～17页，标点为笔者所加。

进，人们也很难承认这种被预定的进化线路，① 它遗忘了那些或保守或畸形的生命体。所以，生存本身就可被视作选择的周期，而这周期是更迭的。

因此，面向死亡的进程更值得关注，它以生的形式进行表达。衰老过程里真正至关重要的，就是那些无法觉察、没有穷尽、逐渐进展的形式连续变化。这种变化，无疑伴随着有机体解体的现象：对此，也仅仅对此，对衰老的机械解释将受到局限。这种解释会提到硬化症、残余物的逐渐积累和细胞原生质日益增生等事实。不过，这些看得见的结果下面却存在着一种看不见的原因。正如胚胎的进化一样，生物的进化也意味着不断记录绵延，意味着过去在当前里的持续存在，因而也意味着（至少是）有机体的记忆这种表面现象。② 在重生的视角下，老茧下的新皮与来世的生活并没有什么本质不同，区别只在其现实性何时完满。此时，周期的轮回性显然是一种难以根治的疾病。

所以，身体的大部分病症都是警惕而非审判，它构建一种反静态、反安逸的病理学。③ 在时长 3~4 小时的睡眠周期中，难道真的有什么不是脆弱的吗？睡意，惯有的性欲，身体悸动，疲乏，下坠感，梦境操纵实有物，一个激灵。在这个过程中主权不断轮换，睡眠的要素将强健生命的意志瓦解为无奈的暴怒和软弱的疲乏。由

---

① 柏格森：《创造进化论》，肖聿译，华夏出版社，1999年，第59页。
② 柏格森：《创造进化论》，肖聿译，华夏出版社，1999年，第23页。
③ 苦修者的心灵的安逸以肉体的清醒为代价。

此，对梦的解释明显是报复性的，它企图将一切可被回忆的事物凝结成叙事的符号并完成某种预想中的治疗。但精神分析尚未回应那令人发聩的疑问：难道不正是那脆弱的潜意识的活动让意志的清醒得以可能？这清醒如何能断绝这模仿的异质物？所以，睡梦真正是艺术事件的发生，它在非现实的拼贴中发现了超越现实的东西：那消散着的最脆弱、最黏稠的意识流，将符号化的内容潜在转化为生命图景的纯形式。在这个意义上，作为身体的现象，睡眠再次生产意识及权力意志。

除此之外，以年为周期的周遭境况的轮转给身体留下可追溯的踪迹，因而那些没来由的苦痛在其初次产生时就预示了自身的回归。禁欲周期的无意识破戒和运动员训练周期的伤病不仅在身体层面出乎意料，它还涉及最深的心灵。在这个意义上，心理现象是身体性的，通过那种与身体密不可分的关联将自身符号化了——在回忆中可被找到。但身体现象是脆弱的，意识的周期无法据此划定自身的边界，它只在这种脆弱性中发现被淡忘的真实。"让我们验证一下，反复循环这个观念至今的作用怎样（比如年份或周期性疾病，醒着，睡眠等等）。即便循环重复现象只是一种可能性，就是这可能性的观念也会使我们震惊，使我们改变的不光是感受或某些期盼！永坠地狱的可能性多么起作用啊！"[①] 道德和宗教在身体的记忆中产生并发展，它诞生了那被称为颤栗、狂迷、跪拜、呼喊的东

---

① 尼采：《权力意志与永恒轮回》，沃尔法特编，虞龙发译，上海译文出版社，2016年，第88页。

西,而"人类保持在某种脆弱性之上"①。

第三节 脆弱与周期的结构

古代人以生殖和死亡雕饰棺椁的目的显而易见:以最高调的方式在被哀悼的个体死亡中指出自然界不死的存在;并且虽然古人没有抽象的认识,还是借此暗示了整个自然既是生命意志的显现,又是生命意志的内涵。这一显现的形式就是时间、空间和因果性,由是而有个体化。个体必然有生有灭,这是与"个体化"俱来的。在生命意志的显现中,个体就好比只是个别的样品或标本。生命意志不是生灭所得触及的,正如整个自然不因个体的死亡而有所损失是一样的。② 所以根据叔本华的说法,生命的确脆弱,它通过消耗自有的本源扭转那种无机-无意识的困局。但这种脆弱也是轮回本身,在这种无奈的努力中,人的创造性意志驱逐那种怯懦的表象意识。

具言之,对真实的领会首先在闲言之中展开。按海德格尔所说,事情是这样,因为有人说是这样。"开始就已立足不稳,经过鹦鹉学舌、人云亦云,就变本加厉,全然失去了根基。闲言就在这类鹦鹉学舌、人云亦云之中组建起来。闲言还不限于出声的鹦鹉学舌,它还通过笔墨之下的'陈词滥调'传播开来。在这里,学舌主

---

① 海子:《海子诗全集》,西川编,作家出版社,2009 年,第 1005 页。
② 叔本华:《作为意志和表象的世界》,石冲白译,杨一之校,商务印书馆,1982 年,第 378 页。

要并非基于道听途说；它是从不求甚解的阅读中汲取养料的。读者的平均领会从不能够断定什么是源始创造、源始争得的东西，什么是学舌而得的东西。更有甚者，平均领会也不要求这种区别，无需乎这种区别，因为它本来就什么都懂。"① 于是，流言蜚语中就有了那种语言的真实而合法的脆弱性：闲言将一切类似之物——直白的、转喻的、隐喻的、歧义的、夸张的——都纳入了同样的领会中，它杜绝了某种理智的偏见，保持一贯的激情。所以，流言蜚语通过释放不同意见从而维持表面友谊的做法不仅是一种从负面进行的对行为的评价和判断②，而且为言说者提供了一幅关乎自身的生存图景，即流言蜚语每时每刻都在瓦解、评价、重组日常世界。③ 在意义体系中，流言蜚语是自治于八卦的欲望机器。

因此，很难有哪种语言类型在形式上是坚实的。即使是最可靠的句法学，也会在事态转换中有所改变。按照理查德·斯温伯恩（Richard Swinburne）所说，语法规则通过规定词语使用的一般条件来陈述词语其在语句中的用法。其方式有三：动词定义、动词等同、单纯限制。④ 与之相对，语义规则必须清楚指出词语指向的对

---

① 海德格尔：《存在与时间：修订译本》，陈嘉映、王庆节译，生活·读书·新知三联书店，2012年，第196页。
② Max Gluckman, "Papers in Honor of Melville J. Herskovits: Gossip and Scandal", in *Current Anthropology*, 1963, 4 (3), pp. 307—315.
③ Samuel Heilman, *Synagogue Life*, The University of Chicago Press, 1976.
④ 动词定义指用动词短语（系表结构：A 是 P）规定词语的含义；动词等同指的是已知 A 是 P，可以假设 B 是 P；单纯限制即若 A 不是 P，就不能说 A 是 P（Richard Swinburne, *The Coherence of Theism*, Oxford University Press, 1993, pp. 50—62，此部分为笔者翻译）。

象的作用，例如说明 A 是指称某一对象的名词或是描述这一对象属性的描述性词汇。一个词语通常同时应用于这两种规则，语法规则可以说明词语在不同情况下的用法为一致性应用；语义规则可以赋予词语意义，对于有争议的概念，主体可以通过这个规则得出一个意义，解决争端。所以，一般情况下，修改语义规则中的标准案例通常会导致语法规则的改变，所以二者几乎同时存在。因为放弃的语法规则越多，语义就越丰富，新的语义对象的范围就越广。这样，作为语言周期的语义学，在根本上就是符码-意义的时尚 T 台，它接受一切流行的要素。换言之，日常生活中的闲言——此在的惯常，经由从此以后控制它的语言，流行成了叙事。[1]

这样，每一种系统的解释或学说也都是脆弱的，其中体系构成了某种自治的周期。这些体系主要适用于一个没有植物也没有动物、只剩下人类的世界；而且，这个世界中的人类无需吃喝拉撒、无需睡眠做梦、从不胡言乱语；才出生就已历尽沧桑、远离襁褓；能量违背渐渐衰减的规律、反向而行；一切都逆向而行、走向反面。[2] 在实在之侧，这些想法常被视作观念之抽象，但在根本上，由想法构成的解释或学说是脆弱的意见的集合——甚至不需外在的触碰，观念内部的冲突就会导致自身的解体。换言之，解释的综合与一般意义上的永恒和现实都无关，它缺乏真正支撑自己并为自身划界的形式。而在循环论证的脆弱中，我们能够轻易发现解释与无

---

[1] 巴特：《流行体系》，敖军译，上海人民出版社，2011 年，第 255 页。
[2] 柏格森：《思想与运动》，邓刚、李成季译，上海人民出版社，2015 年，第 2 页。

聊的某种亲缘关系：循环论证是无聊的，以致它无法激起任何理智的反驳。甚至与之相关的反感也是无关紧要的，循环论证与屋外的车马之声类似，其本质是遗忘之机器。在喧嚣、凑热闹和逆反心理中，那种被激进者诟病的保守倾向和教义教导被凸显出来，甚至它们受到的威胁都是虚假的，理智以实用主义的态度对待这种泛在的流言。所以，极端的语言游戏说只表明了一种参与的态度，若游戏无法摆脱快感的幻象，那么被悬置的规则仍是一切参与者的生存背景，它戏谑地观看符号-小丑的闹剧。"命题是什么？在某种意义上，是由句子的构成规则所决定的（例如在德语中）；在另外一个意义上，是由语言游戏中符号的用法决定的。"[1] 而符号本身即能指-所指共有的表达周期。

所以，值得追求的反而是那从能指-所指中掉落之物，逃逸者摆脱了那种因附着、省力而成为享受的秩序状态，镜子形象[2]因而是一种被放弃的幻象。与之类似，菲力克斯·加塔利（Félix Guattari）将机器定义为能指脱落的运作[3]，其揭示的正是真实特有的审美愉悦。残缺之美，如其名，其核心是那被保存的脆弱性而非其他。这意味着，越是完整的就越脆弱，而有所残缺的反而难以被摧毁——某种异质的永恒已被容纳其中。是故，人们在梁绍基的

---

[1] 维特根斯坦：《哲学研究》，汤潮、范光棣译，生活·读书·新知三联书店，1992年，第73~74页。
[2] 在这个意义上，拉康的"镜像理论"即自我欺骗如何成就主体的理论。
[3] 菲力克斯·加塔利：《混沌互渗》，董树宝译，南京大学出版社，2020年，译序第18页。

蚕系列作品中感受到的不是别的什么自然与人的和谐，它渗透出一种有机与无机、生命与非生命并行的，凋零和繁荣的轮回的无力。换言之，轮回的停滞和断裂带有某种特殊的韵味，这韵味呈现一种与惯常冷漠相对的艺术真实。"物品绝不可逃脱朝生暮死和随波逐流的命运。这便是系列产品的基本特性：物品在其中受制于一种有组织的脆弱性。在一个（相对）丰产的社会，继承稀少性，作为缺乏（manque）的向度的，便是脆弱。系列是被人用强制的方式，保持在一种简短的共时状态，和一种可能衰亡的世界中。"[1] 艺术品以脆弱的精神持有其自身。

而在更广的层面，艺术整体表现脆弱，容易被某种清醒的实用精神替代。在音乐中，节奏和方式使我们的注意力摇摆在特定的时刻之间，从而造成了我们感觉和观念正常流动的停滞，音乐节奏和方式所具有的如此大的力量捕获了我们的心，使我们只要稍微模仿一下呻吟的声音就会使自己心中充满极度的悲伤。如果音乐的声音比自然界的声音更强有力地撼动了我们，那是因为大自然限于向我们表达情感，而音乐则向我们暗示情感。[2] 暗示、清醒、脆弱，最软弱的情感形式反而带来最具可能性的力量，它完全凌驾在那种系统的形式秩序之上。所以，艺术的确具有某种救赎的性质，它驱逐那些热衷于划界的政治精神和意识。

当然，政治的强力早已不再拥有神话般的叙事背景，在最直白

---

[1] 让·鲍德里亚：《物体系》，林志明译，上海人民出版社，2018年，第161页。
[2] 柏格森：《时间与自由意志》，冯怀信译，安徽人民出版社，2013年，第12页。

的叙述中，政治就是那既有社会秩序的集中衍生物。换言之，政治是生活习惯综合并抽象而成的理想的欲望机器，缺乏先天的合法性，而合法性并不规定自身。所以，马尔库斯·图利乌斯·西塞罗（Marcus Tullius Cicero）的自然法理、柏拉图的理想国家、霍布斯的利维坦、洛克的自然状态、卢梭的公意契约和罗尔斯的无知博弈都不再能满足民众的个体化政治诉求，反而是福柯和阿甘本所说的例外状态真正将"有效的"（与天意、荣誉、乐观人性、理智无关的）政治暴露出来。[1] 在广义上，政治生命的脆弱性被表达为解释与权力的轮回，符合谱系学的恐怖描述；而就个体来说，政客将政治职业化为某种经济交换场所，这显然与他者的生命政治[2]相差甚远。因此，政治本身就是某种规模宏大的脆弱物，其中，泛化的意识形态加强文化、国家机器的表象。所以，真实的政治生命反而脆弱，与之相对的附着的政治生命之坚强极具讽刺意味——佞臣与旁观者同谋。政治强力的耗费是难以避免的：在革命精神的虚弱中——它被消磨在平淡性、伪装性的庆典中，强力意志成为被群众

---

[1] 福柯：《生命政治的诞生》，莫伟民、赵伟译，上海人民出版社，2011年；吉奥乔·阿甘本：《神圣人：至高权力与赤裸生命》，吴冠军译，中央编译出版社，2016年。此处指马尔库斯·图利乌斯·西塞罗（Marcus Tullius Cicero）、托马斯·霍布斯（Thomas Hobbes）、约翰·洛克（John Locke）、让-雅克·卢梭（Jean-Jacques Rousseau）、约翰·罗尔斯（John Rawls）、米歇尔·福柯（Michel Foucault）、吉奥乔·阿甘本（Giorgio Agamben）。
[2] 生命政治（bio-politics）本身就带有非生命的色彩，统计学的强力毕竟带来了某种抽象的威权。

分享的表演。①

第四节　事件的脆弱及其伦理

当谈到最具影响力、统治力和吸引力的集体形式时，人们总会想到宗教团体和军队。按照弗洛伊德的说法，教会（我们不妨以天主教会为例）和军队虽有千差万别，但在二者中间都存在着一种假象（幻觉）。加入其中的人以为，有一个首领会以平等的方式对所有成员施以关爱。在天主教中，这个人是基督；在军队中，这个人是统帅。一切都仰仗这种幻觉，它一旦不复存在，只要外部的强制力量允许，无论是教会还是军队都会当场解体。所以，集体意识带来的伦理-公义在根本上是难以企及的家庭结构的替代物，它在家庭结构破裂时就再也难以复现。而爱本身带有一种脆弱的特征，很少不掺杂那被称为回应的东西——顺服与忠诚。② 圣爱的确伟大，象征着完全的给予，是一种他性。

然而即便如此，基于罪的伦理和宗教由于他者在场的缘故也致使赎罪较不可能。即赎罪作为事件，其脆弱性意味着一个事件并不是一种事物，而是在这种事物中活动的某些东西，它拒绝一种弥补

---

① 尼采：《查拉图斯特拉如是说：译注本》，钱春绮译，生活·读书·新知三联书店，2014年，第7～21页。
② 爱情的脆弱正在其内在冲动与主体间关系的不协调，即周期的形式总因不理想而被厌弃，因此爱情尤其需要包容。仇恨与之相反，其形式胜过冲动，缺失对象的仇恨是不成立的。因爱生恨或因恨而爱由此构成冲动和形式的轮回。

或还原①的进程。事件在事物中被意识到,获得了现实性并于彼处在场,但它总以临时的、可更改的方式出现;且事物的不满足性和流变为居于其中的事件所诠释。② 所以,即使爱人之间仍然存在爱与关怀,但这些美好的事物并不会消解累积已久的怨恨和由背叛而来的苦痛,分手后的爱人寻求复合的尝试注定是悲剧性的。这意味着,不可饶恕中的对抗性尤其表现为人们对"同体美好"③ 接受的无能:即使人的记忆总倾向于接受美好的事物,但由美好引起的痛感往往最让人拒斥。所以,越是复杂的美好感觉越是脆弱,反而快感最为单纯④,它在形式上是包容的。灵魂与情感关系会在脆弱中塑造自身,它最先的规定内化在此时此刻之中并由此杜绝一切回返,任何意图消弭或加固脆弱的尝试都会失去效用,此即同体美好之脆弱的规定。因之,寻求复原或赎罪的伦理事件难以实现,即使在这种努力的极限处,那被生成之物也只能是原有关系的相似者:复原故事中的被回忆物、赎罪故事中的被弥补物此时发生了性质上的偏转,成为一种新的关系聚合体,因而其作用对象已不再是失丧、错就之事物;对不在场或偏离的扭转成为事件本身,主体不得

---

① 在总体上,亚里士多德建议说,具体的伦理案例可以包含某些根本上特殊的、不可重复的要素。他说这种案例并不属于任何技艺或准则,这句话的含义是:它们就其本质而论,不是可重复的,或者不是简单可重复的(纳斯鲍姆:《善的脆弱性》,徐向东、陆萌译,译林出版社,2007 年,第 418 页)。
② John·D. Caputo, Gianni Vattimo, *After the Death of God*, Columbia University Press, 2007, pp. 47—48, 此部分为笔者翻译。
③ 即美好出现在痛苦的根源中。
④ 但在最为严苛的人那里这种快感也是不能接受的,比如苦修士和士兵,它们需要更加单纯的活动形式。

不放弃既定之对象，这一事件谋求的是替代性的新关系。① 聂赫留朵夫希望的是赎罪，因此玛丝洛娃没有与他再续前缘而是与西蒙斯结为夫妻反而更加真实②——这新诞生的被复原的关系更加脆弱，它唯独在爱的距离中得保存。

故而，"以死谢罪"实在称不上完满的救赎方案，这种以死亡彻底终止或重新塑造新关系的尝试过于简单了。自杀揭示了罪的存在形式：罪的发生与客体化、罪的施动与受动、罪的外在与内在。其中，能被宽恕的是客体化的、受动的、外在的罪，它作为宽恕行为的对象，以现实事态改变的方式重塑被破坏的道德秩序；而发生意义上的、施动的、主体的罪作为实有事件在历史中被实在化，成为永远无法抹除的印痕，在伦理层面构成道德秩序变化的历史。所以，罪若能被赦免和宽恕，自杀是不必要的；罪若不能被赦免和宽恕，自杀是无用的。唯独在面向他者的拯救和悔改中，主体的死亡才被赋予新的内含：它成为新生命（尤其是道德意义上新生命）的中介。这样，赎罪是脆弱的，死也是脆弱的，它们共同凸显出可弥补的伦理的特征：它强大，但虚浮。

与赎罪类似，人情或情分的给予-亏欠结构③也是不对称的。这种不对称性既使情分关系的持存相对平衡，也将给予者和亏欠者

---

① 比如在类似情境中做出新的决定，去爱他人、甘愿牺牲自身等。
② 出自列夫托尔斯泰的小说《复活》。
③ 陈柏峰：《乡村江湖：两湖平原"混混"研究》，中国政法大学出版社，2019年，第64页。

置于无法反悔的伦理境地，没有终结的指望。由此，一旦情分（自愿或非自愿地）终止，就会沦为某种利益的考量并激发怨恨和忿怒，脆弱之物成为伦理的重压，情分成为最被蔑视的东西。脆弱在此处显然意指平衡的不可能。

所以，越是亲密的、真诚的伦理关系必然越脆弱。爱情作为情感当然身处其中，即使作为交流符码，其悖论式的规则表达[1]也使得自身极为偶然、有限。除非在纯粹——未实现交流功能的——符码的意义上，爱情可被视作永恒物，将自身嵌入虚构的不可触及中。而在更广阔的层面，善恶业必生同类果报意味着：一个人若既行善又作恶，则其善、恶各自生果报，不可能互相抵消，不可能用行善的方法消灭恶业之恶报而恶业再大，也不能消灭其所作善业的善报。《佛说未曾有因缘经（卷下）》记载"夫人修福，不与罪合，不共和故，要须方便，令得灭罪"[2]，任何宗教都难以真正实现善与恶、罪与赎之间的互通。在这个意义上，宗教（在道德教化方面）的确是脆弱的人类语言游戏，故意忽视那最现实的微小物，并总是滑向陈词滥调。但诸如怜爱、共情之类的伦理情感并非永恒道德或神圣伦理背景下的异质物，作为脆弱的共在表达，它们唤醒的是同类之间——弱者之间——的关照，因而这些情感更加人性、更加真

---

[1] 尼克拉斯·卢曼：《作为激情的爱情：关于亲密性编码》，范劲译，华东师范大学出版社，2019年，第66～68页。
[2] 陈兵：《佛教生死学》，中央编译出版社，2012年，第59页。与此同时，修者以此世之功修彼世之报难成，同样说明因果之脆弱。

实。所以，道德情感的交互即主体间的交往轮回，社会生活促使人以情感的方式共在，因脆弱而持存。

事实上，对轮回之脆弱的接受本就意味着一种强力。尼采宣称："在我们生命中印上永恒之图像吧！这个观念比所有的宗教内容丰富得多。宗教蔑视这种生命，认为它是短暂的，教人盯着另一种不确定的生命。"① 这种坚定的反叛所摧毁的正是宗教的某种虚弱表象，在那之后，有一种无价值的真实被呈现出来。从中道的生死轮回观来看，众生的生命乃因缘集起、生灭相续、因果相续的流动过程，佛经中比喻如灯烛之燃烧，又如种谷。《中阿含经·箭喻品》中佛把人死后是有是无的问题列为应不予置答的"十四无记"（十四个无意义、不应该回答的玄学问题）之一，意谓这个问题的提法本身便是错误的做肯定或否定的回答是错上加错。如果要如实描述生命现象、死后有无，只能用否定两极片面之见的方式，表述为非断非常，非有非无。② 生死之轮回，非在柔弱的生者之中不可察。而在伦理层面，修行在灵魂情感上的追求乃是达到这样一种纯粹的境地：以活力或激情、智悟融合情感现象，使脆弱之物柔软，并在事件层面不受后有。有者，受阻于一事也。善人和圣人之间的区别就在于是否有明悟，有明悟并遍在其中即是慈悲。共情但超脱，悟与神同在。

---

① 尼采:《权力意志与永恒轮回》，沃尔法特编，虞龙发译，上海译文出版社，2016 年，第 85 页。
② 陈兵:《佛教生死学》，中央编译出版社，2012 年，第 26 页。

概言之，轮回的脆弱的确带来真切的苦①，但其中生命的真谛显露，人们渴求那种被称为真性的事物。禅定二大门之一的不净观，其"九想""十想"的内容为想象人从死亡到尸体肿胀、腐烂、虫食、骨散、火化等过程的可怕、可厌，② 人在假想的自我灭亡中断绝虚无的价值。生命的周期是脆弱的，但它将自身的表象形式呈现了出来。最终，强力意志在生命的绵延中完成了形式的反转——表象成为自我的内容。在身体的苦痛的唤醒中，周期真正成为刺激物，它将感觉转化为内深的自省意识，而真实就在意识觉察的脆弱性之中。

> 我坐在中午，苍白如同水中的鸟
>
> 苍白如同一位户内的木匠
>
> 在我钉成一支十字木头的时刻
>
> 在我自己故乡的门前
>
> 对面屋顶的鸟
>
> 有一只苍老而死

---

① 狭义上指苦痛的感觉，广义上意味着佛教所说一切苦。一切有为有漏之法皆迁流不息，故称一切诸行苦。
② 其中的"白骨观"（想象自他身为一具白骨）修习者颇众（陈兵：《佛教生死学》，中央编译出版社，2012年，第210页）。

是谁说，寂静的水中，我遇见了这只苍老的鸟

就让我歇脚在马厩之中
如果不是因为时辰不好
我记得自己来自一个更美好的地方
让我把脚丫搁在黄昏中一位木匠的工具箱上
或者让我的脚丫在木匠家中长成一段白木
正当鸽子或者水中的鸟穿行于未婚妻的腹部
我被木匠锯子锯开，做成木匠儿子
的摇篮……①

生命的周期和脆弱在他性中轮转。

---

① 海子：《海子诗全集》，西川编，作家出版社，2009年，第145页。

第八章　论悲剧精神

悲剧的变式之一是谈论或书写悲剧：亲历者多不愿再提及它，而谈论者或书写者却难领会其中让人沉默[①]的真实。在这个层面，谈论或书写无力重现悲剧，二者不关涉悲剧本身，且作为复写只意指其不在场。悲剧的再现会取代悲剧的重现，[②] 其结果是，再现之悲剧的中心被在场者即情感和感性之形式取代，使它自身成为某种程度上的喜剧，而喜剧以重复的愉悦为内核。因此，悲剧被定义为"对一个严肃、完整、有一定长度的行动的摹仿"[③]，恰好暗示出其无法重现的根本特征——悲剧性。具言之，摹仿是感性形式的事件性重构，其主体是被时间固化、结构化了的悲剧精神的发生和呈现；而悲剧具有的"通过引发怜悯和恐惧使这些情感得到疏泄（净化）"[④] 的功能，在根本上是远离悲剧本身的自我的在场——痛苦和恐惧消失，自我达成回归。于是，在悲剧功能的实现和悲剧的媒介表达中，悲剧精神的复写得以完成，它的实现形式构成在场者的历史。"诗是一种比历史更富哲学性、更严肃的艺术，因为诗倾向于表现带普遍性的事，而历史倾向于记载具体的事件。"[⑤] 诗与悲剧同构，都是沉默的悲剧的踪迹（trace）。这样，悲剧本身就需要在悲剧再现之悲剧、在诗的沉默中被阐释。

[①] 齐泽克仔细分析了大量艺术作品中所展示的精神苦痛现象，指出这些精神痛苦追根溯源都可以归结为是对"主体被'杠'掉"的复杂体验（陈奇佳：《主体的倾覆与人的命运——齐泽克论悲剧》，《戏剧（中央戏剧学院学报）》，2021年第3期，第1〜19页）。
[②] 重现是发生的回溯，再现是发生的再演。
[③] 亚里士多德：《诗学》，陈中梅译注，商务印书馆，1996年，第63页。
[④] 亚里士多德：《诗学》，陈中梅译注，商务印书馆，1996年，第63页。
[⑤] 亚里士多德：《诗学》，陈中梅译注，商务印书馆，1996年，第81页。

事实上，悲剧再现之悲剧意味着悲剧本身的结构并不全由在场者确定。其中，未在场的沉默者和超越者在根本上影响甚至决定着悲剧是具有张力性的。若悲剧呈现出完整且固定的结构，那么其模型必然是被再现的心理－故事；并且，仅由在场者构成的存在结构通常是对虚幻理想的描述，而表露事件之真实的却是不在场者。所以，亚氏将悲剧视作行动的摹仿，意在指明的正是悲剧作为"剧"即叙事类型的形式特征。其原型是悲剧（事件）本身，悲剧（事件）本身承载悲剧精神。换言之，不在场的沉默者——精神自我——和不在场的超越者——他者，与再现的悲剧这一踪迹构成悲剧本有的结构，在悲剧的本体层面[①]、结构层面和历史－实现层面无可抹除。对前者来说，作为悲剧的深刻承受者，精神自我体会此在的全部现实性感受并书写着存在者的被抛处境；[②] 于后者而言，作为悲剧的未来书写者，他者总关照并参与悲剧故事的进程。因此，即使是悲剧的再现，也同时指向精神自我和他者——既保有人本真存在的印痕，又追随神圣的踪迹。

这样，精神自我、他者及始终在场的主体我于悲剧的再现中共在，三种自我决定了三种悲剧美学的类型。其中，始终在场的主体

[①] 在舍勒看来，悲剧的实质是"若干相当高的积极价值的载体相互抗争，其中的一个载体因而毁灭"（舍勒：《舍勒选集（上）》，刘小枫选编，上海三联书店，1999 年，第 260 页），这一看法暗示了本体论层面的悲剧内涵价值层面他者的参与（陈伟功：《悲剧性与时间——论舍勒的"悲剧性"概念》，《跨文化研究》，2021 年第 1 期，第 129～140＋270 页）。

[②] 此处"被抛"概念，在海德格尔的意义上使用。

建立观赏的悲剧美学，以主体的情感和审美感受为主导；而内在的精神自我思察接受的悲剧美学，这美学是精神自我的现实行动及对生存境况的回应[①]；最终，超越的悲剧美学由面向他者的主体造就，主体为他者书写悲剧之后的故事，主体成为他者。至此，悲剧本身的结构与悲剧美学的类型对应，悲剧精神的内涵得以全面呈现在话语之中。

第一节　悲剧与观赏

悲剧的再现是审美故事的诞生，观赏性的悲剧美学意在通过情感和感性形式的呈现唤起人们对悲剧精神的回忆。作为悲剧核心的卡塔西斯（katharsis）具有调节情感、加深体验双重功能，悲剧精神以功能和结构的样态再现在审美故事中。一方面，悲剧通过引发怜悯和恐惧使某些情感得到疏泄（净化）。其中宣泄带来愉悦的慰藉，这是悲剧快感的来源。另一方面，悲剧通过展现自身发生的内部机制揭示被遮蔽的至善、真理或神圣。它通过向内的沉静驱逐浮躁，并在对愉悦表象的远离中得到神圣的高举。由此，观赏的行动实际上是主体我对自身已远离的悲剧精神的印证，主体我对其既渴望又犹疑、既恐惧又欢喜。因之，观赏性的悲剧美学在审美的意义上成立。

[①] 在类型上，尼采所谓的日神精神大致与观赏的美学包括观赏的悲剧美学对应，酒神精神大致与英雄般承受悲剧的接受的悲剧美学对应。

具言之,在情感方面,喜剧是轻浮的解放、欲望的满足,而悲剧通过情绪内向聚集之后的疏泄(净化),达致向平静的舒缓。悲剧故事,在情感维度诉诸怜悯、愤懑和恐惧。在悲剧故事的观赏中,主体我以共情的方式替代悲剧故事的主角,融入流动的感性形式。因此,当窦娥诉唱"不是我窦娥罚下这等无头愿,委实的冤情不浅。若没些儿灵圣与世人传,也不见得湛湛青天。我不要半星热血红尘洒,都只在八尺旗枪素练悬。等他四下里皆瞧见,这就是咱苌弘化碧,望帝啼鹃"①之时,观赏者如临刑场,周身肃穆;而当窦娥质问"你道是暑气暄,不是那下雪天;岂不闻飞霜六月因邹衍?若果有一腔怨气喷如火,定要感得六出冰花滚似锦,免着我尸骸现;要什么素车白马,断送出古陌荒阡"②时,观赏者内心戚戚、如火燃冰窖。怜悯和愤懑的感受,于内心积聚。窦娥呼号:"你道是天公不可期,人心不可怜,不知皇天也肯从人愿。做甚么三年不见甘霖降,也只为东海曾经孝妇冤;如今轮到你山阳县。这都是官吏每无心正法,使百姓有口难言。"③报复的快感生成,恐惧使人深陷其中、无法自拔。"浮云为我阴,悲风为我旋,三桩儿誓愿明题遍。"④惨白的叙述带来平静,观赏者陷入对命运的沉默。这样,《感天动地窦娥冤》激发的怜悯胜过愤懑,愤懑和怜悯共同招来恐惧。悲

---

① 人民文学编辑部编:《关汉卿戏曲选》,人民文学出版社,1958年,第27页。
② 人民文学编辑部编:《关汉卿戏曲选》,人民文学出版社,1958年,第28页。
③ 人民文学编辑部编:《关汉卿戏曲选》,人民文学出版社,1958年,第28页。
④ 人民文学编辑部编:《关汉卿戏曲选》,人民文学出版社,1958年,第28页。

剧故事的主角，以反向共情的方式替代主体，成为悲剧精神的承载者。幸有窦天章的唱词让人从悲剧故事中回退，悲剧的观赏在悲剧精神的再现或重生中完成。"莫道我念亡女与他灭罪消愆，也只可怜见楚州郡大旱三年。昔于公曾表白东海孝妇，果然是感召得灵雨如泉。岂可便推诿道天灾代有，竟不想人之意感应通天。"① 由此，主体的悲剧情感历程在情感的疏泄（净化）中转化为审美的愉悦。

悲剧作为典型的戏剧，在感性形式方面以临界转换的张力吸引观赏者的目光。而戏剧的夸张和转折，在结构上塑造审美意义。奥勒留·奥古斯丁（Aurelius Augustinus）如此描述他对戏剧的感受："我被充满着我的悲惨生活的写照和燃炽我欲火的炉灶一般的戏剧所攫取了。人们愿意看自己不愿遭遇的悲惨故事而伤心，这究竟为了什么？一人愿意从看戏引起悲痛，而这悲痛就作为他的乐趣。这岂非一种可怜的变态？一个人越不能摆脱这些情感，越容易被它感动。一人自身受苦，人们说他不幸；如果同情别人的痛苦，便说这人有恻隐之心。但对于虚构的戏剧，恻隐之心究竟是什么？戏剧并不鼓励观众帮助别人，不过引逗观众的伤心，观众越感到伤心，编剧者越能受到赞赏。如果看了历史上的或竟是捕风捉影的悲剧而毫不动情，那就败兴出场，批评指摘，假如能感到回肠荡气，便看得津津有味，自觉高兴。"② 由此可见，不仅观赏悲剧带来的情

---

① 人民文学编辑部编：《关汉卿戏曲选》，人民文学出版社，1958年，第39页。
② 奥古斯丁：《忏悔录》，周士良译，商务印书馆，1996年，第36～37页。

感上的愉悦即快感使人难以自拔，悲剧结构本身亦使人深陷其中。悲剧之观赏的直接对象是悲剧的内容和结构，二者以戏剧化的方式满足主体我的审美需要。然而，悲剧的感性形式并未止步故事情节，观赏者在笑与哭、悲与乐的状态转换中将感性形式扩展到故事之外，达致内在体验[①]的飞跃——主体意识远离情感诸象，面向他者擢升、飘远。就此而言，悲剧故事的结构，实际蕴含了超越结构的特征。悲剧越使人深陷其中，越在自身的解构中能达成生命情感的彼岸化[②]；悲剧之审美，作为有意味的形式，其目的确在形式之外。[③]

悲剧的承受者没有逃离自己的命运——逃避悲剧者，终于化身为悲剧。在悲剧的观赏中，在悲剧故事的涌现、叠套、转折和延展中，悲剧的承受和超越，乃是跨过生命界限、走向新生之希望。[④]

第二节　悲剧与接受

精神既是悲剧的启幕者，又是悲剧的谢幕者，贯穿其中的，是

[①] 在反对谋划（project）的意义上使用此概念（巴塔耶：《内在体验》，尉光吉译，广西师范大学出版社，2016年，第12页）。
[②] 艺术的对象，是彼岸的生命情感（查常平：《人文学的文化逻辑：形上　艺术　宗教　美学之比较》，巴蜀书社，2007年，第153页）。
[③] 贝尔：《艺术》，薛华译，江苏教育出版社，2004年，第4页。
[④] H. 奥特将之称为不可言说的真实，这与十架神学息息相关（奥特：《不可言说的言说：我们时代的上帝问题》，林克、赵勇译，读书·生活·新知三联书店，1994年，第44页）。

作为剧本的命运。精神自我与命运的交互在生命舞台上展开，于是，一场场生命的戏剧自然发生。然而，命运的剧本是未知的、台上的演员是沉默的、表演的内容是偶发的，作为一种以生命书写的行为艺术，悲剧于演员而言是演员接受命运的故事。所以，区别于悲剧观赏者及观赏的悲剧美学，悲剧的接受者领会了一种行动着、书写着的、活生生的悲剧精神和审美体验，它是精神自我与命运现实交互的过程。自我的精神性表达为此在的操心，命运的精神是自由，在精神对自由的双重规定中，悲剧的产生和承受便是必然。"在世总已沉沦。因而可以把此在的平均日常生活规定为沉沦着开展的、被抛地筹划着的在世，这种在世为最本己的能在本身而'寓世'存在和共他人存在。"[①] 此在，在在世的被抛状态即命运的承受中操心，此即精神自我的悲剧故事；能在作为超越的他者，在悲剧承载者的接受中被揭示出来。

精神性，作为自我的根本存在方式，使精神自我成为悲剧的原初承载者和言说者。"精神通过人来确证自己的实在性。人是精神存在的宣言。"[②] 精神若在悲剧中消弭，人就会陷入彻底的沉默。所以，在再现的悲剧中作为不在场者的精神自我的沉默并非彻底的，它是人无暇观赏戏剧、默默承受苦难的结果。沉默着言说是自我于精神世界的存在表达。

[①] 海德格尔：《存在与时间：修订译本》，陈嘉映、王庆节译，读书·生活·新知三联书店，2012年，第210页。
[②] 徐凤林：《俄罗斯宗教哲学》，北京大学出版社，2006年，第252页。

精神被抛于悲剧的世界，自我成为悲剧的接受者。在悲剧带来的苦难和折磨中，自我发现了精神的世界。"这一事实证明了我们属于另一种更深刻、更完全、更合理的存在。尽管我们是这个世界的软弱无力的俘虏，尽管我们的造反由于软弱无力而只是一种难以实现的企图；然而我们毕竟只是这个世界的俘虏，而不是它的公民，我们依稀记得我们真正的家园，我们不羡慕那些能够完全忘记这个家园的人，我们对他们只有蔑视或同情，虽然他们取得了生活成就而我们只有痛苦。"[1] 悲剧迫使自我在沉默中遥望远方的家园。

　　精神再次被抛于悲剧的世界，自我成为悲剧中的被观赏者。在再现的悲剧中，精神被符号化为悲剧故事中的结构功能，自我则成为被叙述的角色。精神的符号化让悲剧本身成为言说的对象。根据尼古拉·别尔嘉耶夫（Николай Бердяев）的看法，精神的实在性是看不见的，他在可见的现实世界客体化了。具言之，精神在客体世界变成了象征或符号，文化就是精神实在的象征或符号，而不是精神实在本身，因为实在性只在主体中，在文化中看到的只是象征，而不是第一实在。因此，精神在客体化的世界里失去了自己的本来面目，被改变或遮蔽了，已经变得认不出来了。这是精神在历史中的悲剧，历史本身就是精神的悲剧。创造性的主体精神在历史客体化中认不出自己了。[2] 被言说的悲剧故事中的精神和自我已远

---

[1]　徐凤林：《俄罗斯宗教哲学》，北京大学出版社，2006年，第212～213页。
[2]　徐凤林：《俄罗斯宗教哲学》，北京大学出版社，2006年，第253页。

离了悲剧，在悲剧的重复中唏嘘自身的被抛。

精神自我在被抛的悲剧处境中发现生命的精神性，精神在悲剧中的承受中使自我的生命整全。所以，悲剧精神的结构，与人的生命的存在样态根本相关，精神自我是悲剧精神的存在基础。按列夫·托尔斯泰（Лев Толстой）所说："生命是在意识中和通过意识而开启的东西。这个生命是非时间的和非空间的。我以前曾以为，生命是意识。这是不对的。生命是通过意识而开启的东西，它是时时处处都存在的，也就是非时间和非空间的。"[1] 这样，人的生命与世界中的精神原则息息相关：从神学的角度看，托尔斯泰视终极性的精神原则为上帝，人的精神性依附于祂，人的生命也源自于祂；从存在论的角度看，命运或悲剧作为人的存在背景，即世界中的精神原则的一部分。由此，承受命运、与悲剧遭遇，是人之生命的必然。与之类似，弗兰克把实在分为三种类型或三个层次：第一层次是"物质的"实在，"经验的"实在，这是我们之外的，对大家都相同的世界；较深的第二层次是"理想之物""观念之物"的领域，这一领域表现了人对现实的理性认识关系；更深的第三层次的实在是人的精神世界，这个世界是个性化的，与个体的内在体验直接相关。[2] 人的生命的发展，在精神世界的意义上，由悲剧开启。

---

[1] 徐凤林：《俄罗斯宗教哲学》，北京大学出版社，2006年，第58～59页。
[2] 徐凤林：《俄罗斯宗教哲学》，北京大学出版社，2006年，第212页。

这样，悲剧的接受于人而言便是生存的基本样态；不同的接受方式，决定不同的人的生命形态。① 按照约斯·德·穆尔（Jos de Mul）的观点，人在与命运的相遇中，做出了四种回应：英雄般地接受②，谦卑地（调节性的）忍受，理性地管理③，技术性地控制。④ 四种对待命运的方式造就了四种不同的悲剧，人由此谱写了悲剧的史诗、哀歌、戒律和幻想（乌托邦和科幻）。不同类型的悲剧生成不同的接受的悲剧美学，悲剧精神渗透人的生命。首先，英雄与命运相遇，悲剧成为一种生命的颂歌，英雄笔直站立并注视悲剧之命运。西西弗用智慧与众神对抗，起初没有屈服于宙斯的强权，之后亦未安息冥府，即使在地狱的陡山上推石头，他也未曾在哭喊中责难自己的命运。因此，西西弗是个荒谬的英雄。"他蔑视神明，仇恨死亡，对生活充满激情，这必然使他受到难以用言语尽述的非人折磨：他以自己的整个身心致力于一种没有效果的事业。而这是为了对大地的无限热爱必须付出的代价。"⑤ 其次，常人遭遇

---

① 刘小枫认为"诗化不是克制恶的力量，而是与恶相处的技艺（适意）"，正是此意（刘小枫：《拯救与逍遥》，上海三联书店，2001年，第192页）。
② 米格尔·德·乌纳穆诺（Miguel de Unamuno）将唐·吉诃德的故事视作英雄悲剧的范型，后者以执著的生命精神追寻失落的宗教和贵族传统（乌纳穆诺：《生命的悲剧意识》，段继承译，花城出版社，2007年，第351～359页）。
③ 值得一提的是，刘小枫将诗人的自杀看作理念的失落和错谬，即诗人因具有虚无主义的信念而走向死亡。如此的自杀事件也算作理性管理命运的方式之一。"如果要思考诗人的自杀事件，必须采取价值现象学立场，而不是道德社会学和文化人类学立场，必须根据信念的意义问题来体察由生存事实产生的绝望心情。"（刘小枫：《拯救与逍遥》，上海三联书店，2001年，第50页）
④ 穆尔：《命运的驯化：悲剧重生于技术精神》，麦永雄译，广西师范大学出版社，2014年，第11～30页。
⑤ 加缪：《西西弗的神话》，杜小真译，生活·读书·新知三联书店，1987年，第157页。

悲剧，无法凭借不甘的呼号、呐喊和咒骂逃离，终要恒久忍受。所以，在痛苦的怀疑中，伊凡·卡拉马佐夫发现，人不得不相信上帝：因为若无上帝，一切都是允许的。在根本上，人因为罪无法逃离悲剧，悲剧普遍切身于个人。伊凡·卡拉马佐夫的兄长马尔凯尔临终前对其仆人说"亲爱的，你们为什么要服侍我，为什么要爱我，我凭什么要你们伺候我"①，正是对此的发问。再次，妄图逃离悲剧者，企图在人的理性立法中，建立稳固的生活秩序。但人从未被自己的理性完全规定，因此伦理和宗教的戒律都不能通过划界的方式将悲剧隔离。卡斯特里奥的死亡悲剧，在某种程度上也是约翰·加尔文（John Calvin）的：加尔文在绞死卡斯特里奥的同时，亲手葬送了自己摆脱传统信仰的悲剧的凭靠——因信称义，他在以新的悲剧替代旧的悲剧。② 最后，诉诸政治技术、工业技术和信息技术的乌托邦和科学幻想，也未能扭转人的悲剧命运。工人革命的屡次失败、工业技术对生活世界的异化、信息技术对人生命的编码操作，都未能造就理想的生活秩序。人在科学宗教中的精神丧生③，带来的不仅是灵魂无处安息，而且是肉体生命中激情与活力的消亡。概言之，命运戏剧化地与人相遇，人永远无法逃离悲剧。作为人的基本生存样态，悲剧在人的承受中冲破戒律，并重生、再现于技术精神。

---

① 陀斯妥耶夫斯基：《卡拉马佐夫兄弟》，荣如德译，上海译文出版社，2004 年，第 352 页。
② 茨威格：《良知对抗暴力：卡斯泰利奥对抗加尔文》，舒昌善译，生活·读书·新知三联书店，2017 年。
③ 不仅指极端的科学主义，还包括宣扬科学、技术可以拯救人类的新兴宗教。

第三节　悲剧与他者

他者作为悲剧结构的指向，作为再现的悲剧的不在场者，使精神自我在承受悲剧之后的存在成为可能。他者在沉默中支撑并照耀着精神的悲剧旅途，使悲剧本身成为一种悲剧精神。悲剧精神是精神超越悲剧事件（本身）和悲剧图景再现的结果，且此超越性早已蕴含在二者之中。一方面，精神承受悲剧并开启真正的生命意味着生命的规定性与他者密切相关，他者以非同寻常的方式惊醒了沉沦着的自我；另一方面，作为悲剧结构要素的"净化"，始终指向悲剧之后的他者。怜悯与恐惧、崇高与沉静，都是精神的超越结构的张力表达。所以，悲剧精神一旦诞生，自我便已踏上追寻他者的旅途，接受的悲剧美学由此转变为超越的悲剧美学。再现的悲剧美学呈现生命的断裂，接受的悲剧美学展示生命的重生，超越的悲剧美学则高歌生命与他者的结合。[1] 这他者，是祂神、他人、它物，是与人之生命相异的他者的绝对差别性。

在宗教的叙事中，生命的两大主题——神圣与悲剧——时常共在。在悲剧的布景中，神圣作为他者，照亮人的生活。因

---

[1] 从海德格尔对《安提戈涅》的分析中归结出表象性思维、悲剧性思维和反身性思维这三重思维，与此有相通之处（欧阳帆：《海德格尔的"安提戈涅问题"》，《海南大学学报（人文社会科学版）》，2021年第39卷第5期，第31～38页）。

此，无悲剧不成宗教。于此在而言，悲剧和宗教互为幕后场景意味着，悲剧并不敞开或隐喻另一种生活，而是另一种生活在影绰着悲剧；人经由盼望和转身，映入生命的荧幕。所以，悲剧作为宗教的来源始终与神圣的维度关联。在形式呈现的层面，它是存在性与神圣性的相合。由此，超越的悲剧美学成为精神的奥德赛，在信仰、盼望和爱的牵引下，自我的精神得以从他者中升起。

信仰作为首要的精神超越的形式，在信心、信念、信从三个层面叙述祂神对人的看护。这看护让信者内心洁净、意志坚定，即使身处悲剧境地，也不弃绝生命本身、远离神圣。在这个意义上，约伯与友人的辩白确是精神的苦难之旅。唯独对天主公义的信心和对己身清白的信念，让其在灵魂和肉体的折磨中，始终选择交托自身。在纯然的信仰中，约伯选择以信仰表白的方式英雄般地面对苦难。因为他知道，这悲剧的承受，既不会因争辩的得胜而终止，亦不会因死亡的来临而消弭。这意味着，唯独信仰和拯救可以超越悲剧的内涵。

在信仰之外，有盼望让精神在苦难中持存。生命的活力被盼望激发，他者以注视的方式与自我进行精神的交通；而盼望一旦跨越死亡的界限，精神自我便越过了悲剧。《山海经·大荒北经》记载了这样一则神话："大荒之中，有山名曰成都载天。有人珥两黄蛇，把两黄蛇，名曰夸父。后土生信，信生夸父。夸父不量力，欲追日景，逮之于禺谷。将饮河而不足也，将走大泽，未至，死于此。应龙已杀蚩尤,又杀夸父,乃去南方处之,故南方多雨。"① 《山海经·海外北经》又载:"夸父与日逐走,入日。渴欲得饮,饮于河渭,河渭不足,北饮大泽。未至,道渴而死。弃其杖,化为邓林。"② 夸父的具体身份仍未可知③,但如此一位神人因逐日而死,却意味深长。《山海经·大荒北经》言称"夸父不量力",行不可行之事,力未逮而亡。但此不量力,绝不能被理解为愚钝和骄傲之后果,夸父因应龙的谋划而死。④ 所以,一种可能的解释是,夸父之"不量力"是出于无奈的作为,他不愿量察己身的界限,而非不能省察自己。换言之,夸父逐日是一个悲剧,暗示了有限之人在无限他者面前的悲剧角色。这日影是苦难的现实,夸父在对苦难本源的追寻中亡故。夸父逐日是悲剧的史诗,是大地信仰对求索天空的命运叙述。海德格尔所言"天地人神",在这里作为此在的四重悲剧要素印证夸父的生命。当然,更重要的是,死亡并没有将夸父划定在悲剧的界限中,他的盼望化作了邓林——大地信仰不灭的遗墓。而这意味着,盼望使精神在悲剧中重生。

于生命而言,信仰使悲剧不再可怖,盼望让悲剧的界限中止。在这之后,有爱让悲剧转化为精神的历程。《淮南子·览冥训》记载了后羿与嫦娥的故事:"譬若羿请不死之药于西王母,姮娥窃以

---

① 《山海经》,方韬译注,中华书局,2011年,第332页。
② 《山海经》,方韬译注,中华书局,2011年,第242页。
③ 在诸多看法中,可确定的是,夸父是最后一位炎帝,是始祖领袖之一。
④ 应龙处南极,杀蚩尤与夸父,不得复上(《山海经》,方韬译注,中华书局,2011年,第296页)。

奔月，怅然有丧，无以续之。何则？不知不死之药所由生也。"① 此处不死之药，即道教中金丹大药。按照早期道教的观点，金丹大药是长生信仰的最高法门，嫦娥盗取了后羿的不死药，相当于断绝了其不朽生命延续的可能。对后羿来说，这无疑是最大的悲剧，毕竟超越死亡在某种程度上意味着彻底战胜悲剧，意味着生命得以超脱悲剧这一此在的生命困局。然而，尽管悲剧的承受险些使后羿沉沦于怒火的灭绝，但他还是在爱的怜悯中摆脱了悲剧的重演。

> 他一手拈弓，一手捏着三枝箭，都搭上去，拉了一个满弓，正对着月亮。身子是岩石一般挺立着，眼光直射，闪闪如岩下电，须发开张飘动，像黑色火，这一瞬息，使人仿佛想见他当年射日的雄姿。
>
> 飕的一声，——只一声，已经连发了三枝箭，刚发便搭，一搭又发，眼睛不及看清那手法，耳朵也不及分别那声音。本来对面是虽然受了三枝箭，应该都聚在一处的，因为箭箭相衔，不差丝发。但他为必中起见，这时却将手微微一动，使箭到时分成三点，有三个伤。②

三点伤不致使月亮坠落，嫦娥得以安居其上。后羿仍然爱着嫦娥，他对使女说："那倒不忙。我实在饿极了，还是赶快去做一盘

---

① 刘文典撰：《淮南鸿烈集解》，冯逸、乔华点校，中华书局，1989年，第217页。
② 鲁迅：《故事新编》，译林出版社，2013年，第26页。

辣子鸡，烙五斤饼来，给我吃了好睡觉。明天再去找那道士要一服仙药，吃了追上去罢。"① 金丹大药难再寻，但失药之悲剧已经不再主宰后羿的意志。

这样，面对他者的生命，在悲剧的超越中成就了悲剧精神。自我和他者于悲剧中精神贯透的图景，即超越的悲剧美学的对象和言语。信仰、盼望和爱使悲剧不再是遮蔽生命的布景，而是生命存在的永恒背景。

通过对悲剧的分析，不难发现，悲剧生长悲剧精神的过程，便是精神生命在面向他者中开启的过程。无论是悲剧事件本身还是再现的悲剧，其内在结构都与悲剧精神对应。由此，在哲学人类学将悲剧的发生视作人无可避免的实有生存事态，并赋之以情感的德性、美学以悲剧的结构为凭，塑造其感性形式的审美价值时，沉默的他者都已居于其中。人（包括悲剧的承受者和观赏者）的视线一旦转向他者，不在场者必将临在悲剧之后的故事。所以，超越的悲剧美学的揭示实际上是绝对他者的彰显，人凭着信仰、盼望和爱渡过生命和形式的苦厄。在这个意义上，宗教悲剧中的人文精神和审美意蕴，与神圣的他者即袖神息息相关，神圣者是人能够与之合一的终极他者。

---

① 鲁迅：《故事新编》，译林出版社，2013年，第27页。

第九章 论遗忘

谈论遗忘似乎比谈论悲剧更为荒谬，对后者的言说只会使谈论者在生命的承负中沉默，而遗忘则直接反对言说事件发生。其结果是，言说遗忘要么被视作理智的悖谬，要么被视作无力的同语反复，在知识和记忆两个层面，遗忘都是解构性的。并且，由于遗忘的去结构性，在关系范畴中，它通常被视为知识和记忆的另一极：不仅抑制、阻碍甚至从根本上消除着知识和记忆的永恒化，而且作为生命的逃逸者，始终趋向虚无。所以，一种显著的观点被如此表述：对遗忘的言说既无必要、亦无价值，它不过是遗忘留在知识和记忆中的可悲痕迹罢了。

然而，正是知识和记忆对遗忘的这种抵抗，呈现了一种怪异的样态：若遗忘彻底属于虚无，那么痕迹本身既无需抹除也无需与之抗衡。所以，实际上，在知识和记忆将自己作为实体或主体进行建构时，并没有整全生命的特征和性质，反而只是理想性的、乐观历史主义的。痕迹作为生命的基本烙印，必然要铭刻在生命的历史中，反对遗忘在根本上就是在反对生命。由此，遗忘在反对知识和记忆僭越生命界限的同时恢复自身的生命存在性。人，在遗忘中存在。[①]

[①] 亲在的有限性——存在之领悟——在于遗忘。这种遗忘绝不是什么偶然的或暂时的，而是必然地和持续地自身形象。一切旨在揭示存在之领悟的内在可能性的基础存在论的建构活动，必须在筹划活动中，从遗忘那里，去攫取纳入筹划中去的东西。亲在形而上学之基础存在论的基本活动，作为形而上学的奠基活动，因而就是一种"再忆"（海德格尔：《海德格尔文集·康德与形而上学疑难》，王庆节译，商务印书馆，2018年，第253页）。

第一节　何谓遗忘

能指和所指的符号链构成遗忘言说的生成，言说遗忘的首要难题是辨明其能指和所指。在根本上，知识和记忆都是符号化了的关系，而遗忘正是取消符号化关系的事件。遗忘的发生，由被解构的知识和记忆符号确证，所取消之物规定了它的结构和形式——一种印痕、一抹回忆、一种踪迹。符号，意义废墟中的逃逸者，由此成为能指-所指链条崩塌的见证者，遗忘正以历史的方式摧毁意义的建构物。言说遗忘，真正地成为注视，既找不到能指所在，也不知所指何处去。在注视中，遗忘喃喃自语，唯独凭借着身后的踪迹和面前的纯然无意义的对象，一种伴有追思性和试探性的事件发生。遗忘的言说，在能指和所指的模糊化中被建立，其能指和所指正是虚无的边界。遗忘，成为虚空的触碰者。

因此，当遗忘事件在人之中发生时，往往带有解构和替代两种特征。前者是虚无的直接作用，后者是符号化的知识、记忆、观念等对空白的填充。一种无意义的规定被加诸其上，空白被新的符号书写替代。"女奚不曰：'其为人也，发愤忘食，乐以忘忧，不知老之将至云尔。'"[①] 遗忘乃是身体和心灵的双重生存规定。学与食、乐与忧，真正形成了替代与填充。进而言之，遗忘的发生，在身体

---

① 程树德撰：《论语集释》，程俊英、蒋见元点校，中华书局，1990年，第479页。

上呈现为行为、感觉的抑制和中断,在心灵中则表现为符号的消解和迭代。由此,与身体一样,记忆和知识不是痕迹,反而成为一种符号容器,允许解构和替代的发生。身体机器和符号机器在主体对自身的遗忘中走向对象,注视因此成为专注,大写的他者得以在机器(与主体)的异质性中显明。走向遗忘,由此成为差异规定的来源。在这个意义上,完满者的分化正是通过遗忘达成的。身体和符号机器化为遗忘开放了行动的空间,在意义不在场的空间中,主体的根本规定得到了揭示——绝对的差异而非永恒真正存在。

因此,对遗忘的否定式定义需要得到更新,一种多元的、图像的描述应当取代一元的、视觉的说明。在汉语语境中,遗忘的否定式定义带有偶发的特征,包含心之杳然而有所失的意味。"遗,亡也……从辵,贵声。"[①] 乍行乍止是辵之范式,钱贝如中在土上冒头是贵之范式,辵、贵两范式叠加,如钱贝冒头而走失是遗之范式。《说文解字注》载:"忘,不识也。从心,亡声。"[②] 心之亡,以知识、记忆的不在场为样态。遗忘,由此成为知识、记忆在人的生命之中由于贸然出头而出走的事件,它的发生不定、偶然,却又是生命车马旅程中的必然。与之相较,在希腊语中,ξεχνώ(遗忘)一词的含义是记忆的减损直至终止,指明了记忆消耗过程的发生;而λησμονώ(忘记)一词的含义是将某事物抛在后面、置之不理,表达了一种空间性的弃置。在总体上,希腊语言以精确的事件描述

---

① 许慎撰:《说文解字注》,段玉裁注,许惟贤整理,凤凰出版社,2007年,第131页。
② 许慎撰:《说文解字注》,段玉裁注,许惟贤整理,凤凰出版社,2007年,第890页。

且阐明了遗忘进程中被遗忘者的状态,它更加理智化。由此,两种不同的否定在此给出了遗忘定义的两种类型:诗意的遗忘是主体内心的出走,而理性的遗忘是知识和记忆的消耗或弃置。被遗忘者或可寻回或再无影踪,但遗忘本身不再是消极的生命事件。遗忘不以知识和记忆为自己的根基和凭靠,转而浸入生命的历史之中。

这样,一种新的主体性在遗忘之中建立起来,自我与反自我在遗忘的同意问题上有了一致意见:生成的自我允许遗忘发生,而逆生成的自我不允许遗忘出现。生成的自我借着自我的消解向他者靠近,逆生成的自我在自我关系的独断中拒绝他者参与。在后者中不存在踪迹,唯一的遗留物是自己的声响。回忆、回忆中的知识、知识性的回忆,被解构的主体仍然未曾放弃现代主体的基础。然而,Φιλοσοφία(爱智慧)的词源学从未将智慧作为主体或客体,是爱的践行者、爱的事件的承载者所拥有的主体身份。爱智慧当然允许遗忘的发生,毕竟爱在根本上既是一种生成,又是一种施与。去遗忘才不断有值得爱的对象的生成,遗忘的主体是在遗忘中生成自我和他者的共在的主体。

如此一来,遗忘的生成以无目的的、出走式的消解扭转(verwinden)了绝对主体掌控命运般的在场,新的主体性在主体的废墟中建立起自身——遗迹。遗迹暗示新价值秩序的诞生,表征符号意义上新生命的到来。然而,即便如此,在根本上,遗忘也不提供任何意义上的发展向度,它反对意义的直接在场。所谓新的主体性，不过是意义自动在回忆中生长、聚集、再生成的增殖事件。毕竟，意义作为知识、记忆的符号功能，在遗忘事件中，只能是踪迹的踪迹。换言之，知识与记忆否定式地诉说遗忘的存在，知识的禁锢、记忆的病征在符号秩序的层面与遗忘的禁止同义。并且，在这个层面，遗忘是一种积极的虚无，一种不以意义的消解为自身的规定却又实然消解着意义的存在事件①，是悖论着的非主体。值得注意的是，正是在这种悖论式的表达中，虚无在解放在者的同时也解放了自身，遗忘也不再惧怕被谈论。因为符号在言说不可言说中确立了自身的界限——绝对的差异。

所以，谈论遗忘、重现悲剧和定义虚无在绝对的差异中同义，它们共同指向符号的悖谬，即绝对的不可言说只有在言说不可言说中成立。因而，生成了同义的绝对差异是符号语言、符号生活甚至符号生命的根本规定，符号从未真正脱离奥秘而在。在此基础上，遗忘这一悖论式言说事件的界限仅居于差异性流逝与重复性消退、流变与消耗的转换之中，任何将遗忘视作某种知识和记忆自我回归的必要途径的看法都是不合理的。遗忘的根本规定在反对重复中被澄清：作为一种在生命里生长的差异事件，遗忘从来都在主体意识之先。

---

① 根据尼采的看法，今天，虚无主义对我们正在发生的是这样一种东西：我们开始是或未来能够是完成的虚无主义（瓦蒂莫：《现代性的终结》，李建盛译，商务印书馆，2013年，第71页）。

第二节 遗忘的解释学

遗忘在悖论式的言说中被提及,这一提及揭示了遗忘的解释学。所谓遗忘的解释,指的是被遗忘者在被遗忘中忆起自身,而随着遗忘者忆起自身,遗忘本身被遗忘的过程。因此,正如符号的悖谬在于符号无法以符号的方式表达自身,重复的悖论在于重复永远无法在自身之中找到重复的身影,遗忘的解释学需要在非遗忘的表述中呈现遗忘的踪迹。这踪迹,既是符号意义的废墟,又是符号意义的遗迹。

意义成为废墟从尼采和海德格尔开始,上帝之死和形而上学的终结使得专注于建构的、体系的、主体的符号学话语不再能通过长篇大论取信于人。形而上的真理沉默了,意义体系的崩塌带来了符号的空间转换——升起在意义地平线上的大厦突然成为平面化的碎片,一如立体主义将传统绘画追求的视线的延伸压入到同一图景之中。空白、缝隙、边缘的吸引、装饰的魅力,成为意义空间中最有活力的部分。没有了真理独断的危险,每个碎片、每个碎片聚集的区域都处于自治的民主之中。于是,碎片的存在只在碎片回忆自身时才有迹可循,它成为踪迹,而遗忘是那唯一的真理。踪迹和遗忘成了平面化的意义空间的主题和背景。

意义的废墟在无支配的运作中呈现出根茎般的结构。德勒兹如此描述根茎的非示意的断裂原则:与分离不同的结构或贯穿单一结构的过度示意的间断不同，一个根茎可以在其任意部分之中被瓦解、中断，但它会沿着自身的某条线或其他的线而重新开始。人们无法消灭蚂蚁，因为它们形成了一个动物的根茎：即使蚂蚁绝大部分被消灭，仍然能够不断地重新构成自身。所有根茎都包含着节段性的线，并沿着这些线而被层化、界域化（territorialiser）、组织化、被赋意和被归属，等等；然而，它同样还包含着解域之线，并沿着这些线不断逃逸。每当节段线爆裂为一条逃逸线之时，在根茎之中就出现断裂，但逃逸线构成了根茎的一部分。这些线不停地相互联结。[1] 意义的碎片在彼此的吸引、结合、增殖中以线、块的方式建立起一个又一个废墟中的凝结点和垃圾站，平面化的意义空间由此在各个向度延伸出意义的凸起，并由凸起构成一个个看似结构化实则不断消解的层级。层级的建立是意义整体的权力隐喻，在意义的废墟中，始终有意义体系重建的风险。层级，意义的层级，既是原本意义大厦的结构，又是新立的意义块和凸起的结构。我们可以制造一个断裂，我们可以勾勒出（tracer）一条逃逸线，不过，始终会存在着这样的危险：即在其上有可能重新遭遇对所有一切再度进行层化的组织，重新赋予一个能指以权力的构型及重新构成一个主体的属性——所有你想要的，从俄狄浦斯（Oedipus）的重现直到法西斯主义的凝结。群体和个体都包含着微观－法西斯主义，就等着形成结晶。是的，茅草也是一个根茎。善与恶只能是某种主

---

[1] 德勒兹、加塔利：《资本主义与精神分裂：千高原（第2卷）》，姜宇辉译，上海书店出版社，2010年，第43页。

动的、暂时性的选择的产物——此种选择必须不断重新开始。[①] 层级在不断被去凸起的外向拉扯中，在与他者的直接或隐秘的结合中，消解为虚拟的逃逸线。这线是一种可能，是另一种绷断时的存在得以延续的新途径。

于是，在意义废墟上建立的遗迹也是去层级化的，或者说，遗迹的层级是虚拟的、模仿的，不复原或建立新的意义，而是提供追思和缅怀的场所。遗迹是被保护起来的尚未完全破碎，仍有迹可循的历史的踪迹，是一种绝对的剩余物，是需要被铭刻文字的墓碑，但绝不应当被观赏性地复原。遗迹，在无法复原中成为遗迹。换言之，遗迹的美学"意味正在其边缘性和装饰性。詹尼·瓦蒂莫（Gianni Vattimo）发现了海德格尔的美学特质，他认为海德格尔的美学并不是在经验的边缘对这些微小的震撼感兴趣，毋宁说——而且无论如何——都坚持艺术作品所具有的纪念碑性的思想。即使艺术作品的真理事件以边缘性和装饰性的形式发生，对'诗人创建的是那持存的东西'而言，也仍然是确然的。然而，'持存'的东西也具有某种剩余物的本质，而不是某种永远不变的东西。纪念碑的建造是为了持存，但不是作为它所承载的记忆的完全在场；恰恰相反，它只是作为一种记忆（而且对海德格尔来说，存在的真理只能以回忆的形式发生）"[②]。将美学的真理视为边缘性的、修饰性的，

[①] 德勒兹、加塔利：《资本主义与精神分裂：千高原》，姜宇辉译，上海书店出版社。2010年，第43~44页。
[②] 瓦蒂莫：《现代性的终结》，李建盛译，商务印书馆，2013年，第136页。

碎片化的本质即意义重构的重构由此可能。意义碎片在废墟上以最自然的方式活动,游牧的生活由此成为一种生存策略。在美学层面,艺术的技巧,也许尤其是诗歌的韵律,可以看作一种策略——它们本身几乎没有惯例化和纪念碑化,这并不是一种巧合——它们之所以把艺术作品转变为能够持存的某种剩余物和纪念碑,就在于它一开始就是以已经死亡的东西的形式被创造的。① 瓦蒂莫将这种在已死亡躯体上的生活的能力称作"微弱性"(debolezza),②"微弱性"即遗迹式的游牧生活的内在活力——从一个遗迹赶往另一遗迹,唯有面临拆解的营帐是必需的。

这样,游牧的生活构成了遗忘的解释学的内涵:生活在意义废墟上的符号,通过不断地反对意义的禁锢,达成自身的回忆。扭转(Verwindung)而非克服(overcoming),成为符号生活的主题。在海德格尔的论著中,"扭转"这个词意指某些不正确的克服,这种克服既不是通常意义上的,也不是辩证"扬弃"(Aufhebung)意义上的。扭转(Verwindung)这个词出现在海德格尔的《同一与差异》中,在德语里,扭转(Verwindung)一词拥有其他两种隐含意义:指一种渐愈(疾病好转意义上的:治疗、某种疾病的治愈)和一种扭转(尽管这是非常边缘的意义,与"变形"相连的,意味着"扭动,也与这个词的前缀 ver-具有的变异变化的含义相关")。"渐愈"的观念,同样与另一种含义即"顺从"相联系。不

---

① 瓦蒂莫:《现代性的终结》,李建盛译,商务印书馆,2013 年,第 136 页。
② 或可译为软弱性。

仅人们的疾病治疗能够得到好转，而且人们在疾病治疗中会遭到损失或经受痛苦。[1] 承受意义的崩溃，在痛苦中忆起自身的逃离并在废墟上生活下去，符号才不至于在新的层级、权力下医治自己。以全新的意义克服旧有的意义，能够被复原的恰是意义的主体而非生活的主体。意义的在场只能是否定的、回忆的，作为踪迹和遗迹而成立。

当然，遗迹作为踪迹并不意味着它的在场是耻辱的；相反，遗迹或踪迹的背景性和回忆性构成了符号逃逸的暂居空间，一处永远无法成为"家"却足以容纳意义栖息的场所，即家的解构促成了游牧生活的持续运作——在各个遗迹旁不断建造新的临时处所，符号的栖居成为游人的车马劳顿。创造、遗忘、流浪，思乡症候（病）成为最隐秘的心理印痕。同样，正因如此，遗迹永远无法成为家，它给予游人的只有解渴的水和家的幻象，游人无法在其上安息。所以，遗迹之于游牧的生活正如遗忘之于沉沦着的生命，在符号意义和生活世界，它们都以否定的、解构的、软弱的、暂时的形态，推动事态继续运行。

在解释学的层面，遗迹、遗忘给意义和回忆的再诠释提供了更广阔的空间，它们成为前见的总体。按照伽达默尔的说法，概念史的分析可以表明，正是由于启蒙运动，前见概念才有了那种我们所熟悉的否定意义。实际上前见就是一种判断，它是在一切对于事情

---

[1] 瓦蒂莫：《现代性的终结》，李建盛译，商务印书馆，2013年，第219～220页。

具有决定性作用的要素被最后考察之前被赋予的。在法学词汇里，一个前见就是在实际终审判断之前的一种正当的先行判决。对于某个处于法庭辩论的人来说，给出这样一种针对他的先行判断（Vorurteil），这当然会有损于他取胜的可能性。所以法文词偏见（préjudice），正如拉丁文词（praeiudicium）一样，只意味着损害、不利、损失。可是这种否定性只是一种结果上的否定性。这种否定性的结果正是依据于肯定的有效性，先行判断作为先见的价值——正如每一种先见之明的价值一样。① 这样，遗忘的诠释学实在地开启了存在论维度生命的悖论：生命内在地追寻真理，却不存在真理。而正是由于真理的虚无，生命的历程才得以继续。

第三节　遗忘的人类学

遗忘的病理学②和人类学论述直接与记忆和知识相关。前文中理性的遗忘被定义为知识和记忆的消耗或弃置，最重要的原因之一即意识中记忆和知识的消失需要确切的解释。然而，作为解释者的理性本身无法认同意识出走的合法性，一种畸形的、病理性的解释应然而生——是虚无（病征）对理性（大脑）的侵蚀导致了记忆和知识消解。由此，针对遗忘的研究便从记忆的痕迹问题着手，尤其

---

① 汉斯—格奥尔格·加达默尔：《真理与方法》，洪汉鼎译，上海译文出版社，1999年，第347页。
② 器质性遗忘，通常被视为精神疾病的一种。

在神经科学中，遗忘作为一种结构消解、功能丧失的现象，必然在神经元的结构图景中留下痕迹。通过建立神经元构造和功能的物理图景，并将脑活动（生命活动）的表象和图像（包括记忆图像）与心理或精神活动相对应，大脑皮层由此与整全的精神活动紧密相关。为了确定遗忘事件发生或病征因素出现的位置，科学家将神经元分布的地形学问题建立在突触构筑的连接、分层的问题上，于是，遗忘作为知识和记忆活动的障碍，在常态和病态的不确定边界上出现了。但问题是，遗忘一直在发生。

自然而然，遗忘的病理学有了不一样的临床分类的叙述：一种合法的遗忘是生命中的自然现象，另一种非法的遗忘则是生命需要克服的病征。前者可称之为忘记，后者则是遗忘。通过语义学的简单区分，遗忘成为日常话语中的异类——遗忘一旦被提及，就带有病征的含义。例如，命题 A 宣称 P 忘记吃早饭了，最常见的因果推论是 P 起床迟了，没来得及吃早饭；而若命题 A 宣称 P 遗忘了早饭，那么人们很可能推测 P 其得了某种神经官能症（包括症状轻微的焦虑、抑郁，症状严重的阿兹海默症等）。这样，在科学的话语中，遗忘成了一种威胁和禁忌，只有在靠近功能障碍，或说靠近"记忆扭曲"的地方，临床才会明确地讨论遗忘问题。对遗忘的谈论成为一种危险的诱惑，遗忘自身代表着障碍和扭曲，但一旦处于谈论之中，其风险仿佛消失了。于是，人们将某种程度上遗忘的失效归功于记忆对遗忘的克服（自省技术），似乎只有努力记忆，遗忘便会从人的身旁消失。事实上，这种没必要的猜想确实失败了，人们自始至终都没能摆脱遗忘带来的威胁：首先，它有了合法的名称——自然的遗忘或忘记；其次，人始终遭受终极遗忘的威胁。[①]简言之，遗忘是注定要让人引以为憾的，它和衰老、死亡一样，遗忘是生命中不可避免的、无法挽回的形态之一。

但是，将遗忘作为生存论的规定并不意味着遗忘必然成为病理学上的难题或人类学上的污点，因为遗忘既不是天然的病征，也不是所谓人的罪性。换言之，任何将完满预设作为遗忘事件发生前提的论述都是武断的，毕竟人的生命无论在病理学层面还是人类学层面都未尝抵达完满的境况，且身体学的复杂议题绝不能被规约为某种堕落的痕迹。所以，作为生存论规定的遗忘与作为病征的遗忘的最大区别就在于，前者将事件的发生作为现象本身，而后者只把遗忘作为一种结果或扭曲。然而，遗忘本身从来不是能被克服的功能客体，一个悖论式的现象是遗忘如此紧密地和记忆联系了起来，以至于它可以被看作记忆的诸条件之一——记忆细胞的活动始终以既有印象和痕迹的消退为常态，其存储并更新的功能通过遗忘实现，否则人将被固化了的知识和记忆阻塞。所以，既不能把因痕迹的消失而产生的遗忘归为类似遗忘症的障碍，也不能把它归为影响记忆可靠性的记忆扭曲。遗忘不仅嵌入了记忆里，甚至成为记忆的进程

[①] "终极的遗忘指的是痕迹的消失，我们感受到它是一种威胁：为了抵抗这样的遗忘，我们发动记忆……记忆之术的非凡功绩在于通过不断累加的记忆化——作为回忆起的帮手——以避免遗忘的不幸。"（保罗·利科：《记忆，历史，遗忘》，李彦岑、陈颖译，华东师范大学出版社，2017年，第572页）

本身。由此，遗忘的解释学悖论在身体层面使得神经科学和临床医学对如此令人不安且又摇摆不定的日常遗忘经验保持沉默，一如器官在遗忘面前从不发出声音。疼痛是尖锐的、抑郁是低沉的，唯独遗忘是沉默的，身体的沉默在最初是器官的沉默。如保罗·利科（Paul Ricœur）所言，在这方面，日常遗忘步愉快记忆的后尘：后者对其神经基础默而不语。记忆现象在器官的沉默中是可以亲身经历到的。日常遗忘在这方面和日常记忆一样位于沉默的这一边。这就是遗忘和充斥于临床文献中的所有类型的遗忘症之间的巨大差异。甚至终极的遗忘的不幸仍然是一种生存的不幸，它示意我们要更多地投身到诗和智慧，而不是沉默中。而且，如果这种遗忘在知识的层面上有话要说，那也是为了对常态和病态的边界重新提出疑问。这个干扰效果还不是麻烦最小的。另一个问题域，不同于生物学和医学的那个，出现在这个沉默的背景上：边界处境的问题域，遗忘在这里又一次和衰老、死亡聚首。于是，不仅是生物学意义上身体保持沉默了，还有科学话语和哲学话语的沉默，因为它们仍然被捕捉在认识论之网中。记忆和历史的批判哲学，还没有达到历史条件的诠释学的高度。[①]

当然，于利科而言，记忆和遗忘在与痕迹相关的意义上是一体的，即痕迹首先意味着原始印象的被动性持存：一个事件打动了我们，让我们为之欣喜，让我们为之疯狂，而且情感的标记留存于

[①] 保罗·利科：《记忆，历史，遗忘》，李彦岑、陈颖译，华东师范大学出版社，2017年，第573页。

心。所以痕迹既不能被还原为外在的文献痕迹,也不能被还原为客观的皮层痕迹,二者分别是痕迹在档案的社会建制和大脑的生物学构造的现实表现。在生命哲学中,存活(survivre)、持存(persister)、继存(demeurer)、绵延(durer)等术语都表明了记忆痕迹的情感-铭写特征,它们保存了最原初的意义。柏格森在《物质与记忆》通过区分记忆的两种形式说明了这一点。① 因此,有关情感-铭写的继存、绵延能力的主张和有关皮层痕迹的科学知识之间,没有任何矛盾的地方;通达这两种痕迹的、属于异质的思考方式:一个是生存论的,一个是客观的。图像的存活,借助后面两个前提在其特殊性中得到确认,可以被看作深度遗忘的一个基本形式,利科称之为保留的遗忘。② 具体言之,记忆的存活相当于遗忘"恰恰是在无力、无意识、记忆的被认出处在其'潜在'条件下的存在的意义上。物质性带给我们的遗忘,因此不再是因痕迹的消失而产生的遗忘,而是可以说保留的遗忘。遗忘因此指的就是记忆持存的未被察觉性,其摆脱意识的注意"③。所以,遗忘的悖论又带有暧昧性的特征:奠基性的遗忘、毁灭性的遗忘和保存的遗忘共同构

---

① 记忆的两种形式,其一通过行动产生,其二通过精神的工作产生。Henri Bergson, *Matter and Memory*, Nancy Margaret Paul and W. Scott Palmer trans., George Allen & Unwin Ltd., 1911, pp. 225—230.
② 深度遗忘与表层遗忘相对,指向心理记忆的"潜在"领域(保罗·利科:《记忆,历史,遗忘》,李彦岑、陈颖译,华东师范大学出版社,2017年,第574页)。
③ 保罗·利科:《记忆,历史,遗忘》,李彦岑、陈颖译,华东师范大学出版社,2017年,第590页。

成了生命之记忆。[①]

由此，在病理学和人类学对遗忘的（工具性）滥用中，遗忘将自身与"被污名化的遗忘"区分开来——遗忘的痕迹本质上是一种踪迹，只能被忆起。所以，"被污名化的遗忘"实质上是记忆和知识追求自身重复未完满的结果，而任何将自身规定为重复事件的行为都是反对遗忘的。按照这个观点，遗忘的病征与重复相关，阿兹海默症的事态是在重复中遗忘，并且不产生新的记忆和痕迹。在情感－铭写层面，感觉的重复只有经由遗忘才得以可能，单独复写痕迹并不会带来任何实质性的生产。所以，人类学视野下的遗忘，作为一种生命事件，自主地向他性出走。

如利科所言，对遗忘主要在制度实践中的使用和滥用具有的正当的不安态度，归根结底是一种顽固的不确定性的症状，它在遗忘的深层结构的层面上影响了遗忘和宽恕的关系。[②] 遗忘不是宽恕的修辞，恰恰相反，作为遗忘的应激反应，宽恕总是需要解释的结果。所以，遗忘的宽恕在根本上应是拒绝中的承认，意识允诺自身的出走不受理性的谴责。承认遗忘，生命才不会一直被深渊凝视。

[①] 奠基性的遗忘、毁灭性的遗忘和保存的遗忘分别指未知根源的、终将消失和仍然存有的遗忘。
[②] 保罗·利科：《记忆，历史，遗忘》，李彦岑、陈颖译，华东师范大学出版社，2017年，第670页。

第十章 侥幸

古人惯以力量或规模之悬殊喻指一种压迫的戏剧性，其中，对比的强弱凸显较比者的情势分层。并且，于参与者而言，压迫意味着綮然可见，它使人感受逼仄，并带有命运的隐喻。因而，萤火不仅无法与皓月争辉，甚至无法放弃争辉之努力。然而，戏剧性让观众逗乐之处也正在此：后者借着这种观赏带来的（于现实的）抽离暂别根本的机巧生存情态，人们一时之间不再是生存性的，轻松的观赏而非沉重的参与成为此在之事态。正在这种机巧的暂歇中，人们"侥幸"地"不再侥幸"。

因此，在非必要的情况下①，这种"不再侥幸"的意识绝不能被唤起，它一旦复归②，观赏本身就可能沦为另类的"侥幸"谋划，而谋划显然与生存紧密关联：不仅审美成为消费行为，并且由于最大效用这一经济原则，艺术品首先作为商品存在。所以，即便"侥幸"这种尤其象征"经济性奇迹"的生产（获得）形式受到人们的普遍追求，"不再侥幸"也不能取代"侥幸"的位置成为新的追逐物，它要拒斥被消费甚至被言说行为本身。如此，"不再侥幸"才得以借"不再……"的字面样式大致保留己身之规定：艺术品并未因此丧失全部的观赏价值，人们仍旧能在可预测的情感表现中发现审美情感的剩余物，即肉身体验的盈余。这样，一般的欢娱和可重

---

① 对于一种根本的反思——如本文的写作——而言，对这种"不再侥幸"的主动意识当然是必要的。
② 比如"学术暧昧"（一种商业化的"学术政治"）和"艺术暧昧"（一种商业化的艺术追求）是其典型，在更细微处，以"反正……也……"为题的标语也具有如此功效。《黑镜》系列对艺术工业的讽刺正得精髓。

复的审美工业的存在反而值得"庆幸",在狂欢或畸变中,那种被表象化的情感最终被呈现出来。

所以,奥德修斯的智慧和勇猛无论如何也是机巧的,其背景乃是生存之可怖。

> 他①站起身来,把手伸向我的同伴,
> 抓小狗似的抓起其中两个撞地,
> 撞得他们脑浆迸流,沾湿了地面。
> 他又把他们的肢体扯成碎块作晚餐,
> 如同山野生长的猛狮吞噬猎物,
> 把他们的内脏、骨头和肉统统吃尽。
> 我们两眼噙泪,向宙斯伸出双手,
> 目睹这残忍的场面,却又无力救助……②

在无法选择的登场中,机智和勇气成为人格的伟大悲剧。

第一节 侥幸的语义学

与侥幸的事件不同,在语义转换层面,侥幸完全出自某种图像或人种上的奇想。"孔子曰:'僬侥氏三尺,短之至也;长者不过

---

① 此处指波吕斐摩斯(Πολύφημος)。
② 荷马:《荷马史诗·奥德赛》,王焕生译,人民文学出版社,2005年,第162页。

十……数之极也。'"① 所谓僬侥，即西南地区之矮人。根据现代人类学的研究，这种有关矮人的传说在体质人类学中并未得到确证；而在文化人类学层面，矮人的故事则多是民族自负的神话母题。因此，僬侥之音变的戏剧转换的确描述了某种令人们喜闻乐见的故事感：正是那种似是而非的意外让情理有了新意，而对意外的接受和包容成就了名词本身。

当然，侥字的音变本身并不足以说明其语义历史，在属性或特征的文化意味上，侥这一专有名词才是描述性的。《荀子集解》中记载了乌获与焦侥搏的故事。② 政治决策层面，事强暴之国难，使强暴之国事我易，即是如此。并且，在这种强弱关系的戏剧转换之外，相关的图像学想象更为出色：僬侥虽身矮力弱而极尽谋划，乌获虽力强人壮却有所不足，这种勇士与巨人争斗的情景同奥德修斯战胜波吕斐摩斯类似。"侥幸之胜利"的绝大部分因素并非侥幸的，此并非意味着情势或仍有一线生机之命运。"故虽有尧之智而无众人之助，大功不立；有乌获之劲而不得人助，不能自举；有贲育之强而无法术，不得长生。故势有不可得……事有不可成。"③ 乌获可由僬侥放倒或举起，这恰是僬侥之幸所在。

由此，侥幸的词义迁变首先是续接性的，它源自僬侥之相争。

---

① 刘向撰：《说苑校正》，向宗鲁校正，中华书局，1987年，第463页。
② 王先谦撰：《荀子集解》，沈啸寰、王星贤点校，中华书局，1988年，第199～201页。
③ 王先慎撰：《韩非子集解》，钟哲点校，中华书局，2003年，第197页。

幸，吉而免凶也。从屰，从夭。夭，死之事，死谓之不幸。① 不幸乃是生存之布景，侥在去主体化后成为描述相争、求取的动词，其意味是人之所求。侥，即犹求也。偶有所得，心有慨叹，侥幸因故在情感中被赋予意外之内涵，事件发生的戏剧性使其现实化被常例拒斥，即使这种意外早以存在于情理之中。法度之常例废弃那种意外所得之复有。

因此，人所拒斥的侥幸绝非是本义层面的，不被接受者乃是试图将意外所得变为常态的非分谋划。侥幸之幸自在，因此无论意外有所获抑或得免不幸，此幸运都与主体相异。《病鸱》诗曰，"侥幸非汝福，天衢汝休窥"②，侥幸与横祸在某种程度上等同。所以，作为"求利不止貌"③ 的侥幸往往招致祸患，而幸之意外眷顾，总需要自谦相辅。"或抱罪之家，侥幸蒙恩，故宣此言，以自悦喜。"④ 侥幸实在是交往之时的内省式慨叹。

这样，在语用学层面，侥幸可作一类表达自谦、假设的副词或虚词，不再以实在的符号描述主词的幸运特质。如张谊生所言，汉语语气副词中的"侥幸态"，被用以表示"一种由于避免某种不如意之事而具有的庆幸的、欣喜的、感激的情态"⑤，这种情态无疑会时刻保持自相冲突。傲慢并谦卑、欣喜并恐惧，即使目前所得让人

---

① 许慎撰：《说文解字注》，段玉裁注，许惟贤整理，凤凰出版社，2007年，第863页。
② 屈守元、常思春主编：《韩愈全集校注》，四川大学出版社，1996年，第931页。
③ 张玉书等编纂：《康熙字典：标点整理本》，汉语大词典出版社，2002年，第42页。
④ 王符：《潜夫论笺校正》，汪继培笺，彭铎校正，中华书局，1985年，第186页。
⑤ 张谊生：《现代汉语副词研究》，学林出版社，2000年，第60页。

满意，但仍然使理所应当变成感激，侥幸之幸亦在于人。因此，严格来说，侥幸类语气词更应被称作庆幸类语气词，在情态表现之描述上更为恰当。庆，行贺人也，①人抚心而有所慰，庆幸是动作－感受化的。而侥幸的意味乃是戏剧性的恰当，意料之外而又在情理之中的偏差事件由此被指称。

所以，根据侥幸的多重内涵将具有侥幸态的语气词分为三类是可行的，其中，"幸""亏""好"分别表征侥幸具有的不同偏重的词义背景。具而言之，幸，吉而免凶也，由意外所得之现状规定的语句的基本情调在总体上呈现为喜悦。"幸得一子""幸喜无碍"，对现有之满足胜过其他，"幸""幸得""幸然""幸喜""幸而""幸赖""天幸""多幸""幸自"尽皆如此。在构词方面，喜、得、赖与侥同义，状态或结果前置导致了实词的虚化，这在某种程度上暗示了事件哲学或谓词逻辑的优先，此时动作是修饰性的。与之相较，具有同样表达结构的"亏"系语气词则更具有反转的意味，它在心虚、胆怯、后怕的现实情态中主要面对的始终是缺乏、无力的境况，"亏""亏得""多亏""大亏""亏杀""亏了""全亏""亏不尽""倒亏""得亏"此时传达一种勉强的相称②。相称当然是无力的，在多数情况下是一种自我慰藉，何况这种模糊的状态本身极难达成，它恰巧在有所失中被他者补足。因而，亏本身意味着虚化。此外，"好"系语气词在无属性修饰方面表达一种中性的方便、完

---

① 许慎撰：《说文解字注》，段玉裁注，许惟贤整理，凤凰出版社，2007年，第880页。
② "早是""早则""早为"在表达勉强相称的同时更强调一种假设。

成、恰当，这个多被用来描述美好情态的语词此时反而不具备强烈的伦理意味，"好在""好得"都被俗用为虚有之应当。"幸亏""幸好""好亏"之间的组合对比说明了此点，好的词义要么被同义的"幸"吸收，要么附着在"亏"之上，唯独"幸"与"亏"能够进行绝对自主的表述。这样，"侥幸"作为语气词是以语用－审美为结构进行虚化的，而其本身却并非语气之附属。

第二节　侥幸的心理学

在语气词的婉转咏叹中，人们会直观感受到一种非指意的符号流，这种渗入言说本身的事物即语句的奠基情态。与建筑类似，语句情态生长于活力基础之上，就语词而言，这基础正是人的感觉、理性和意志，即人的心理表象成就着侥幸的字面语义。所以，一种心理学层面的侥幸解释是描述性的，它试图避开无法直面的境况，而这境况在广义上即谋划之焦虑。

根据普通心理学的定义，侥幸心理（fluke mind）总体上是经济性[①]的，它是一种趋利避害的冒险投机心理。[②] 有这种心理者即使认为不一定成功，也决意尝试以获得心理满足。这一点在犯罪嫌疑人身上表现得十分显著，特别是初犯，在犯罪心理形成阶段和实施犯罪活动过程中，既惧怕犯罪活动失败被抓获，又有强烈

[①] 此处经济理解为利益最大化决策。
[②] 另一种静态的定义是：侥幸心理指偶然得到成功或意外地免于不幸而产生的心理。

的自我安慰心理倾向，往往从有利于犯罪活动成功之处考虑。这种心理在犯罪活动获得成功后得到强化，成为下一次犯罪活动的主要心理基础。在审讯和审判过程中，犯罪嫌疑人大多怀有这种心理，欲逃避惩罚，并在这种心理的支配下实施各种防御措施，对抗拒供。①

这种将侥幸视作附属心理状态的解释在处理社会行为时无疑是有效的，它可以将行为人的内在状态规定为附加物，并有效避免主体所不确定之物进入可观察世界。在此基础上，将犯罪的侥幸心理定义为"行为人明知自己的行为可能发生危害社会的结果，却寄希望于偶然不发生这种危害结果的一种心理状态"② 也极为恰当，其结果是，犯罪的侥幸心理应当属于间接故意。故意意味着有目的的谋划，这种谋划在根本上是生存性的，它依靠主体的认知发生。侥幸心理由此可以被严格定义为"个体在进行概率事件决策时所产生的没有事实依据的对概率不切合实际的信仰。其基本特征是对负效价的概率事件的发生倾向于低估，而对正效价的概率事件的发生倾向于高估，因此在行为上表现出盲目的非理性决策"③。这样，侥幸就是一种个体的综合知觉，感受此时影响意志。

而在神经科学以及实验心理学中，侥幸活动的电信号主要由

---

① 林崇德、杨志良、黄希亭主编：《心理学大辞典》，上海教育出版社，2004年，第601页。
② 李海东：《"犯罪的侥幸心理"剖析》，《河北学刊》，1986年第1期，第102页。
③ 胡阳：《决策中的侥幸心理及其脑机制研究》，西南大学硕士论文，2010年，第1页。

N2 和 P3[①] 两种事件相关电位（event-related potential，简称 ERP）成分体现。其中，N2 成分是峰值潜伏期在 200 ms～300 ms 左右的负成分，主要分布于前额、前额中央联合区，其最大振幅常出现于前额中央联合区。在功能上，N2 成分的主要作用是探测，它在听觉、视觉通道中被发现。它可以探测目标的空间位置、频率、刺激颜色、朝向和大小，其潜伏期、皮层分布随着目标任务特性的变化而变化。与之相较，P3 的峰值潜伏期在 300 ms～600 ms。它的振幅、峰值潜伏期等特性依赖于被试的精神状态、需要被完成的任务难度、刺激的显著性、被试的注意程度等。P3 反映了认知处理过程中的神经元活动。P3 的潜伏期间接地反映了刺激识别过程中处理的持续性。它的振幅受多个变量影响，是能量活动强度或唤醒强度的指标，顶区分布的 P3 则反映了工作记忆的更新。

通过对受试者进行实验并观察，一个有效的结论呈现如下：在正效价低概率条件与负效价高概率条件下，心理加工比正效价高概率与负效价低概率条件更为复杂，或者说存在着更大的决策冲突，因为后两种条件符合一般决策条件，正效价高概率与负效价低概率与正确决策为确定决策，没有冲突，所以受试者可以比较轻易地进行决策；前两种条件为侥幸心理诱发条件，受试者在感知到这一概

[①] N2、P3 为 ERP 的内源性（心理性）成分，不受刺激物理特性的影响，与被试的精神状态和注意力有关。

率时，其决策的不确定性更强，因此诱发了更强的振幅。① P3 成分的振幅随着任务判断难度的增加而减小，这归因于被试者缺乏信心。这可能反映了在侥幸心理诱发情景下，决策任务的难度更大，被试决策时更为审慎，其决策也更缺乏信心，且侥幸心理占用了被试更多的认知资源。而在非侥幸心理诱发情景下，被试决策更容易，认知资源占用较少，决策也更有信心。② 换言之，侥幸心理的"广度"与"深度"存在较高的正相关，其中负效价事件的相关程度要高于正效价事件。这可能说明在处理侥幸事件时，越容易出现侥幸心理的个体，其侥幸心理程度越高，尤其是当面对失去时，个体会出现更深的侥幸心理。③

因此，越是低概率的事件越容易催生侥幸，人们对惯常之反转的期盼会以希望的形式呈现。当侥幸表达为内心感受时，首先是一种安慰性的满足——欣喜，其次才是面对困厄的持久恐惧——后怕，并且，这种期望的达成由于不完满而始终面向自身。所以，"失去"的敏感性高于"获得"，不仅是由于人们的设想过于理想、美好，它同样是期望本身的运作方式。振幅越大，不确定性越强，决策反而变得容易，侥幸正是如此拥有意外美好这一表象的。个体会更多地在负效价事件上表现出侥幸心理由此不仅是一个单纯的描

---

① 胡阳：《决策中的侥幸心理及其脑机制研究》，西南大学硕士论文，2010 年，第 20～21 页。
② 胡阳：《决策中的侥幸心理及其脑机制研究》，西南大学硕士论文，2010 年，第 21 页。
③ 胡阳：《决策中的侥幸心理及其脑机制研究》，西南大学硕士论文，2010 年，第 13 页。

述，它暗示了那种无力之下的扭转感受。

将侥幸心理解释为相信好运（belief in good luck）或有惊无险（by the skin of one's teeth）实际上是结论化①的，它是一种事件已然结束的省察描述，但在侥幸之中时，充沛的内在情感拒绝这样一种叙述。期盼、忐忑、害怕、庆幸，侥幸之想法与其情感表现合一。故而，侥幸的心理学定义通常将侥幸视作主体行动的起始态或进行态，并将侥幸本身视作诱导物或刺激物，认为它会持续影响主体的作为。当然，侥幸在根本上并非一种肇始动机，它从未独立于人的谋划，即使将侥幸视为一种独立人格，也主要是经济性的。换言之，侥幸即使作为心理表象，也是最基本的生命情态。

第三节　侥幸的伦理学

对侥幸进行心理学解释的直接后果是，人们很容易从中得出一种人格主义的结论：侥幸不仅是情感本身，同时生成其他情感。由于情感的生成依靠自治之主体，侥幸很难不被视作此在谋划的表象，即作为事件，侥幸借由心理惯性实现自身的持存；在此基础上，它与身体的作为一致。换言之，侥幸不仅呈现主体的内在状态，也是主体的此刻作为——侥幸唤醒并要求一种当下的、琐碎的生存伦理。

---

① "侥幸"当然不等于"幸运"，怀揣侥幸心理行事的结果可能是悲剧，但幸运始终是一个正向的结果。

具体而言，在生活层面，普遍的侥幸首先表达为计较，即侥幸作为日常活动之原则，自然透入人的共在。并且，计较当然是谋划性的，但它是更具人格化的表达，一个十分熟悉的名字由此进入人的视野——精于算计之人——市侩者。市侩者通常为人所不喜，因为他们过于谨慎、畏畏缩缩，仿佛失去了单纯和放纵的双重天性，而这二者都与自由相关。或者说，市侩者在乎的只是自身的自由，他们把投机——一种有意识的商业冒险——作为游戏的形式①，而现实生活即游戏场所。在权力的倾轧中谋生，否则便会死亡，这是对残酷游戏的直观理解。其中，一种对限定目标的渴求甚至超过了刺激本身，经济效用成了自由的象征物。因此，市侩者必然将经济原则作为第一生存原则供奉。在这个意义上，救赎无论如何都是讽刺性的，经济的无限早已将有限救赎无限制地推延；而资本主义精神早已逾越清教徒理想的界限，上帝不再是受苦的，祂被人持续地用金钱取悦。由此，马修·阿诺德（Matthew Arnold）提出了一个有趣的说法，"有些人认为拥有实际的好处就足够了，是以补偿没有或放弃思想和理性的缺憾了，这样的人在他的眼中就是非利士人"②，而非利士人以崇尚实用著称。这样，非利士人（有资格被记

---

① 在非权利游戏和生存游戏的情境中，游戏化的侥幸事件的结果是修饰性的，并且其修饰程度与生存之考量反向相关。
② 阿诺德：《文化与无政府状态》，韩敏中译，生活·读书·新知三联书店，2008年，第68页。

载的）即普通民众（或中产阶级）的代称，意指一切市民。[①]

事实上，市民阶层对计较的看重并非独有的[②]，其中的侥幸者才是人们所谓的贵族。因此，市民作为一种中介本就是市侩者的主体，区分着一般意义上的成功者与失败者。贵族阶级作为既定秩序的后裔，其固有的特点是天生远离理想。虽说贵族不追求光明，但这并非因为它厌弃光明，有悖情理地喜欢阴郁沉闷、闭目塞听的生活方式，而是因为他们受到诱惑，被世俗的辉煌、平安、权力和欢愉引诱着，离开了追求光明的道路。这些美好的外在之物是值得追求的，凭着世俗层面的计谋与侥幸，贵族带来了现代意义上的强健的个人主义，带来了张扬个人自由的激情，因此贵族又可以被称作野蛮人（Barbarians）。[③] 换言之，一种取消了生存压迫的计较被真正赋予了游戏的性质，且在这种计较的厌倦中，市侩者转而求索道德或艺术层面的崇高。

同样，底层群众中也充满这种精明的计较。显然，劳工阶级中的这部分人与工业中产阶级同心同德，或说大体如此。就那些似乎确实在为伟大目标出力的劳工阶级成员而言，我们可以贴切地将其归入非利士人之列。此外，劳工阶级中另有一部分当前备受慈善家

[①] 在海涅看来，力主变革的群体、秩序的重建者、各个领域的现代精神的代表的强悍、顽固、无知的对手，即非利士人（马修·阿诺德：《批评集：1865》，杨果译，中央编译出版社，2017年，第149页）。非利士人无疑是一切普通民众。
[②] 在伦理学中，人们通常认为"斤斤计较者"代表了以共同利益为基础的"互惠的利他主义"，这带有契约论的性质。
[③] 阿诺德：《文化与无政府状态》，韩敏中译，生活·读书·新知三联书店，2012年，第69～70页。

们的注视,他们将精力都投入了组织工作,通过工会和其他手段组织起来,首先成为独立于中产阶级和贵族阶级的一支伟大的劳工阶级力量,接着便倚仗人多势众,将自己的意志强加于中产阶级和贵族,一切由他们说了算。按照我们的定义,这个生龙活虎的部分必也算作非利士人,因为它要肯定的是自己的阶级和阶级本能,是那个普通的自我,而不是最优秀的自我。它只想工具手段,满脑子转的念头都是发展工业、执掌权力、成就卓著、还有别的外在的能耐等;它的心目中没有内在完美的地位。它整个心思——用柏拉图那微妙的话说——都用于有关自身的事物,用于有关国家的事务而不是国家。[①] 劳工中的非利士人以勤劳和模仿得胜。

当然,在劳工阶级中占绝大多数的群氓(populace)的侥幸更加直白,长期的贫苦、谄媚、放纵、暴动甚至白日美梦,使其成为既满含嘲讽又蕴有希望的社会黑话。"文明世界"中被厌弃的懒惰本性、耍小聪明、自以为是、痴迷想象、沉沦好运、盲目从众在这里都可被理解,只要不越过生存的底线,无论是愤怒还是软弱,还是有效用的计较,都称得上"能耐"。因此,侥幸必然与谎言相关,前者之根本在经济性的算计,而后者是其最得力的助手——漫无边际的嘴、缺斤短两的称、舞弊者的面容,都被凝聚在或必需或玩乐的利益赢得之上。就此而言,侥幸的道德也是生存性的,它以自我满足之幻象为荣,谋求成为一种值得赞颂的作为。与之相对,追求

[①] 阿诺德:《文化与无政府状态》,韩敏中译,生活·读书·新知三联书店,2012 年,第 72 页

德性者反而是虚伪的,他们被蔑称为"无法饱腹"的幻想家,而德性本身越是在生存弥漫的地方越是一文不值。

然而,即便如此,不同人群对伦理的呼求仍然存在。因为无论是野蛮人、非利士人,还是群氓,人们无一例外地认为,让寻常的那个我能够随心所欲便是幸福。寻常我之所欲自然因个人归属的阶级不同而有所不同,并且这个我也有严肃、认真和轻松、随意之分,但是,它却始终不过是手段工具而已。野蛮人严肃起来重视荣誉、希望受人尊敬,轻松随意的时候喜欢户外运动和寻欢作乐。有一类非利士人严肃起来喜欢做生意和赚钱,放松的一面则喜欢舒适和茶话会。另外一类非利士人认真时喜欢毁坏机器,轻松时则喜欢听公共演讲。群氓严厉时喜欢大喊大叫,推推搡搡,打打砸砸,轻松起来则喜欢喝啤酒。[1] 这些让人感到幸福的事件都应和着侥幸的实在功能。虽然在根本上,现代精神所要求的应该是这些:对工业、贸易和财富的日益增长的爱、对思想的日益增长的爱及对美好事物日益增长的爱。[2] 人们理应对躯体、智慧和灵魂给予关照。但若这些都无法做到,侥幸也至少为那些具有超越特征的德性或事件提供了发生基础。换言之,侥幸的伦理是生存性的,但它无法拒绝那些异在之物。

---

[1] 阿诺德:《文化与无政府状态》,韩敏中译,生活·读书·新知三联书店,2012年,第75页。

[2] 阿诺德:《友谊的花环》,吕滇雯译,中国文学出版社,2000年,第137页。

第四节　侥幸的形上与艺术

对于大众而言，侥幸者的典型形象是赌徒、情场浪子和求占寻卜之人，人们很容易从其表情和动作中发现那种对侥幸的炽热渴望。金钱、情欲和好运，这些最基本的谋划物充斥言语，而日常生活却并不拒斥其中的任何一个。所以，即使一般道德反对非分的求取，侥幸也不被包含在内，它是一种尚未被限定的次－价值。最不需要侥幸的人尚能在寻得侥幸时获得喜悦正说明了这一点：侥幸不是被限定在主体或对象中的实在物，它只是在不断靠近。换言之，侥幸因有所亏欠而具有他性，因不在场而具有伦理精神。"我们对好运的敞开和价值感，尽皆使我们依赖于那些外在于我们的事物：我们对好运敞开，因为我们会遭遇困境并可能需要来自他人的帮助；我们需要价值感，因为即使我们不需要朋友和所爱之人的帮助，爱和友谊也因他们的缘故而依旧重要。"①他者成全侥幸。

因而，侥幸并不意指某种道德或价值上的不完满，人们也不必将其看作理想计划或价值的替代，侥幸因普遍在场而使日常显露真实。根据海德格尔的说法，有某种亏欠的存在者具有上手事物的存

---

① Martha C. Nussbaum, *The Fragile of Goodness: Luck and Ethics in Greek Tragedy and Philosophy*, Cambridge University Press, 2001, p.1, 此部分为笔者翻译。

在方式①，而人正因上手的激动、喜悦和恐惧成为在此者，侥幸生成照面的情感。"在日常相处中来照面的那类东西是人人都可得而通达的；关于它们，人人都可以随便说些什么。既然如此，人们很快就无法断定什么东西在真实的领会中展开了而什么东西却不曾。这种模棱两可不仅伸及世界，而且同样伸及共处本身乃至此在向它自己的存在。"②侥幸无疑是一种两可，它试图模糊道德判断。

因此，在人的绝对生存中，侥幸的道德化无关紧要，人们在其中发现了更为重要的东西。命运的指使让人共同寓居个体化的虚空，一种侥幸与习惯的内在关系显露；无力面对偶然和必然，只有习惯予人以庇护，故而侥幸与必然的关联更大。身体借由侥幸被塑造，理智借由侥幸而有灵，死亡蕴有生命乃是勉强，而由生至死则是一种必然。侥幸作为生存本义带有死亡面向之抱憾，即"讨论死亡时所获得的东西可以用三个论题表达出来：1. 只要此在存在，它就包含有一种它将是的'尚未'，即始终亏欠的东西。2. 向来尚未到头的存在的临终到头（以此在方式提尽亏欠）具有不再此在的性质。3. 临终到头包括着一种对每一此在都全然不能代理的存在样式"③。侥幸由此成为亏欠的满足情态。

---

① 海德格尔：《存在与时间：修订译本》，陈嘉映、王庆节译，生活·读书·新知三联书店，2012 年，第 279 页。
② 海德格尔：《存在与时间：修订译本》，陈嘉映、王庆节译，生活·读书·新知三联书店，2012 年，第 201 页。
③ 海德格尔：《存在与时间：修订译本》，陈嘉映、王庆节译，生活·读书·新知三联书店，2012 年，第 279 页。

在具体的活动中，侥幸则更加复杂，乃是亏欠和尚未满足之交融。其直接表达是，侥幸会产生一种荒谬的正义感或幸福感：一边是妄想破灭的失落或愤怒，一边是厄运终来的后备清醒，它们共同构成谋划的遗憾现实。就结果而言，有所得或无所得都是可以接受的，二者皆是"侥幸的二律背反"的内容，单纯的谋划却不是。即在形式上，侥幸可与自由意志等同。这样，理智的关照促使侥幸在情感层面呈现可承受的分裂态：主体绝不完全失去什么，在自由和命运、所求和应有之间必得其一，因而它是一种激进却不至于毁灭的情感。

所以，人们常见的对肉身欢愉的渴求中总带有侥幸的成分，其似是而非正是魅力的内容。未知、兴奋、躁动，侥幸的审美肉身性于情色的冒险中得到完整表达，它比单纯的谋划更具诱惑。在身体快感层面，孩童（包括幼儿）偶有所得从而将侥幸视作感官游戏规则的做法无疑是朴素的，成人对这一进程进行了反转，侥幸成为快感本身。由此，人们在无节制的快感索取中窥得禁忌。在这个意义上，潘多拉魔盒底部的"希望"大概是侥幸的幻象，因为正是侥幸生成的那被称为希望却表达为无限失落并最终崩溃之物。唯独在最极致之处，二者才能等同：绝望将主体性取消到最低，只有纯粹的盼望留存。换言之，侥幸与希望类似但截然不同，那使侥幸存活的东西是引诱主体的欲望之在，即使再微不足道，至少是可能（或曾在）的记忆或幻影，其在场隐喻生存性的谋求。而希望不同，希望是由他者主导的顾盼，在这种期待中，人更多选择的是接受。这样，生存之谋划唯独在意外之地才得以被逾越，而逾越者则是"高贵的"侥幸。

值得庆幸的是，人们已从侥幸的肉身审美中发现了一种生存的转化形式，即先偶有所得继而将侥幸视作游戏规则这一生存策略不再被成人采用，其反转形式被视为某种意识的主动冒险。在科学精神中，人们尤有体会：一种偶然只有在无法解释的情况下才能被纳入例外规则，大多数情况是，人们提出与之相关的猜想并设计对应实验、求取证明；而这与市民的计较在根本上没有什么不同。并且，一些看法和行为之所以被人们斥为幼稚，其原因往往是这些看法和行为过于急功近利地想要将自身升为永恒。但即使在个体的层面，这也不可成就，因为升为永恒即谋划本身。所以，内在体验是行动的反面，仅此而已；行动完全依赖于谋划。"并且，沉重的地方在于，话语的思想（pensée discursive）本身就参与了谋划的生存模式。话语的思想乃一个参与行动的存在的所为，如此的所为在他身上发生，在有关谋划的反思的层面上，从他的谋划开始。谋划不仅是行动所暗示、行动所必需的生存模式，它也是矛盾的时间当中的一种存在方式：它是把生存推延到后来。"[1] 这样，谋划甚至早已实现永恒，那种源自侥幸的简单生存模仿不再必要。

所以，巴塔耶认为内在体验的原则是"通过一种谋划逃离谋划

---

[1] 巴塔耶：《内在体验》，尉光吉译，广西师范大学出版社，2016年，第64～65页。

的领域"①，这种逃离即德勒兹、加塔利所谓的逃逸（fuir）②。逃逸意味着生成，它塑造另一种实在物，唯独在生存的极限之处有他者在场。游戏是自由的，可它一旦陷入生存权力的漩涡，也会失去活力；竞技由于本身与侥幸相关，在技艺的极致处才是艺术的，此时艺术意味着纯形式。艺术品的生产同样有类似表现，创造与制作的区别正在灵感是否在场，而若失去了与个体命运相关的侥幸，艺术本身就会有所缺憾，甚至会降格为工艺品。所以，工艺品、城市雕塑、纪念碑式建筑、竞技体育都需要具有唤醒的能力，它们在意外临在中成为非生存性的艺术。

事实上，期待生存谋划自然发生意外只是一种选择，如西奥多·阿多诺（Theodor Adorno）的"黑色理想"，它在根本上也只是一种希求或盼望，而在这之外，仍有其他路径存在。巴塔耶选择更加肉身的、生理的方式实现谋划的逾越——无度的耗费、酒神的祝祭、神圣的情色，这些极致之物将艺术中的谋划隔绝开来；修士则在完全地彻悟、服从或自治中实现解脱、拯救与逍遥。换言之，即使侥幸的超越是某种历史的必然，也不必被视作唯一物。必然与偶然并不是构成某种命运的辩证，而例外或他者的永在让侥幸最终成为一种生命的庆幸。

---

① 巴塔耶：《内在体验》，尉光吉译，广西师范大学出版社，2016年，第66页。
② 德勒兹、加塔利：《资本主义与精神分裂：千高原（第2卷）》，姜宇辉译，上海书店出版社，2010年，第282～289页。

第十一章 论恐怖

有关恐怖的言说在言说者的被迫中开启：在恐怖面前噤声的人，被迫以非沉默的方式回应恐怖的索取。尖叫、呼号、斥责、质疑，言说者竭力用各种声音满足恐怖对非常规话语的要求；甚至沉默，也成了这非常规言说的预备。精神病话语下的沉默，作为狂乱内涌的表象，遮盖着恐怖的面容。因此，话语和意义在某种程度上是恐怖的对立物，恐怖制造着狩猎的对象并把能够与自身对抗的力量注入其中；言说恐怖由此成为去恐怖的事件，言说者能够逃离恐怖的注视，并成功藏身、隐匿在意义的庇护所之中。然而，恐怖从未退场，恐怖对话语的隐秘侵袭，使得有关恐怖的言说既直白又诡秘、既活跃又沉默。弗洛伊德从语义辨析的角度揭示了恐怖的权力压迫性，"如果这的确是神秘、恐怖暗含的本质，我们就能明白为什么在语言使用中 das Heimliche（熟悉的）的用法会延展到其反义词 das unheimliche，因为这种神秘和恐惧的东西实际上并不是什么新奇或陌生的东西，而是某种我们所熟悉的、早就存在于脑子里的东西，只不过由于受到抑制而从我们的大脑中离间开来。这种同压抑的因素的联系使我们能进一步理解谢林对'unheimliche'所下的定义：指某种本应隐蔽起来但却显露出来的东西"[①]。本该被隐藏的恐怖显露了出来，它使言说者再次沉默或继续进行非常规的言说；在言说者的不断逃离中，恐怖的解释学被建立起来。

恐怖的解释学以偏转的方式展开，沉默或美学化以偷窥、捂

[①] 弗洛伊德：《论文学与艺术》，常宏等译，国际文化出版公司，2001年，第289页。

眼、侧视的方式瞥见恐怖的面容。① 子不语怪、力、乱、神②,在沉默中,恐怖对话语和意义的威胁得以暂时缓解,沉默以背身或故意忽视的方式避免与恐怖直接抗争。与此同时,美学的模仿和戏谑使恐怖同化在意义体系之中,恐怖由此成为一种美学的符号。如诺埃尔·卡罗尔(Noël Carroll)所言,诸多恐怖艺术的案例表明,至少可以这样假设:恐怖的循环可能发生在社会压力显著的时期,此时恐怖小说被用来戏剧化或表达不舒服(的感觉)。在这里,我们不必继续说,他们通过诸如宣泄等有争议的过程来缓解或释放这些焦虑。可以说,在这样的时期内,他们倾向于引起特别的兴趣,只要他们投射出与这种焦虑相匹配的表现形式。因此,即使仅仅通过激发形象来解决这些问题,也会引起关注。所以,如果我们假设自己目前已陷入恐怖的循环中,我们可以尝试通过隔离与循环相关的社会压力和焦虑的来源来解释其出处和顽固。③ 自然化、社会化的恐怖在解释的历史中被划分为原始反应期、迷信期、震颤期、讽刺剧或喜剧期,④ 但恐怖本身始终威胁着人的话语及意义。对恐怖的言说,在解释学的偏转中,澄明恐怖的生存论内含:作为人的存

---

① 此处沉默是偏转的,因为沉默不是绝对的不言,而是选择性的不说。"《礼杂记》'言而不语',注:'言,言己事也。为人说曰语。'"此不语谓不与人辨诘也。可见,不语作为不辨诘是沉默的(程树德撰:《论语集释》,程俊英、蒋见元点校,中华书局,1990年,第480页。)
② 程树德撰:《论语集释》,程俊英、蒋见元点校,中华书局,1990年,第480页。
③ Noël Carroll, *The philosophy of horror*, Routledge, Chapman and Hall, Inc., 1990,此部分为笔者翻译。
④ 纽曼:《恐怖:起源、发展和演变》,赵康等译,上海人民出版社,2004年,序言第8页。

在样态和生命现象，恐怖是绝对异质物（或他者）对人的根本规定。

第一节 恐怖与"怪"

怪，怪异也。① 按其词源，圣的本义是以手治土，心、圣两者相合，以手治土而各有变化且心异之是怪之范式。因此，怪在本质上与奇诡的形象相关，而其审美效果直接与心之震颤、惊惧相联系。具体而言，心的主导和手的运作将怪规定为一种制作和创造，恐怖作为一种隐喻物暗藏其中。由心而起、由手而成，恐怖在怪之中以无定形的产品出现。所以，在类型学上，与怪相关的恐怖不同于突然出现的、让人沉默、痉挛、尖叫的压迫性的恐怖，它是由艺术作品引起的艺术恐怖（art-horror）。艺术恐怖与人们所作的"我对生态灾难的前景感到恐惧"，或者"核武器时代的边缘政策是可怕的"，或者"纳粹所做的事情是可怕的"的描述相异，后者的对象是在生活世界出现且难以避免的真实的"恐怖"，即自然恐怖（natural horror）。② 自然恐怖和艺术恐怖以恐怖在场的界域为区别，二者交织在言说和沉默之中。

在根本上，艺术恐怖与自然恐怖相关。在《莱文格罗》

---

① 程树德撰：《论语集释》，程俊英、蒋见元点校，中华书局，1990年，第480页。
② Noël Carroll, *The philosophy of horror*, Routledge, Chapman and Hall, Inc., 1990, 此部分为笔者翻译。

(Lavengro)中，乔治·博罗将恐惧视作人类生命的存在背景，并认为恐惧潜在赋予了生命意义和目的。

> 噢，可怕的恐惧，你占据了人们的心灵，人类理性之光都无法将你驱散。恐惧啊，你是否真如医生所说伴随疾病而来？不，你正是悲哀之本，是与人类时时相伴的无穷痛苦的根源，是人类在未及出生前即已痛切体味到的深远影响……愚人啊……你如何得知这好凶险黑暗的本原不是你自古相交的友人？你可知道，它可能正是智慧之母，一切杰作可能都出自它手。正是对黑夜的畏惧迫使朝圣者匆匆赶路。拿出勇气来！去创造伟大的作品，因为勇气正鞭策你前进……哪一部伟大的作品来自欢乐、是弱小者的产物？谁是这地球上的智者、强者、征服者？是快乐无忧的人类吗？我相信绝不是！[①]

人，被压迫者，在恐惧的驱使下奔逃，艺术创造成为对恐怖的回应事件。悲哀、痛苦、疾病、黑暗，人将对恐怖的情感深藏在艺术作品中。卡罗尔认为，与悬疑作品一样，恐怖作品的设计也是为了激发某种情感。假定这是一种情感状态，并称之为艺术

---

① 纽曼：《恐怖：起源、发展和演变》，赵康等译，上海人民出版社，2004年，第146页。需要注意的是，"恐怖"和"恐惧"在本文中表达的意思基本一致，由于不同译者翻译偏好的不同，故有此情况。若有词义上的区分，将会独立标明。

恐怖。因此，人们可以期待通过对艺术恐怖的规范，部分地确定恐怖的类型，即是说这种类型的情感作品是被设计出来的。[①] 恐怖被审美化、艺术化，对自然恐怖甚至恐怖本身的言说在偏转中达成。

于是，恐怖自然成为怪异形象的表达主题，有关恐怖之神的神话逐步被建立——潘，珀涅罗珀女神的儿子，阿卡迪亚山上半人半羊的牧羊神，自此成为恐怖的谱写者。报复、惊吓、突袭、威胁，潘用自己的行动展示恐怖之神的威慑力量，在狂乱、疯癫和混乱中，一种禁止言说、对视的规矩在旅人中被确立。所以，"恐慌"（Panic）这个由潘（Pan）的名字衍生而来的词，不仅表示袭击林中独行者的突如其来的恐惧，而且也传达了一种尊敬。他的名字被译为"全部"，因为他代表自然界的万事万物：血管里流淌的鲜血、喷薄的体液、狂乱的情欲及其反作用力——衰败和瓦解。这个定义凭借语言的延伸性，将牧羊神与他的森林背景分离，转变为某种类似于一切实体事物和虚无状态的物质存在。但这的确是潘后来的模样：令所有人深感恐惧的无所不在的"万灵"，令人感到"一无是处"，感到自己只是宇宙虚无中渺小的存在。[②] 由此，潘成为一切艺术言说中恐怖的集合。

[①] Noël Carroll, *The philosophy of horror*, Routledge, Chapman and Hall, Inc., 1990, 此部分为笔者翻译。卡罗尔认为恐怖作品是那些旨在以某种方式在观众中引起艺术恐怖的作品。

[②] 纽曼：《恐怖：起源、发展和演变》，赵康等译，上海人民出版社，2004年，第2页。

在文学、艺术作品中，恐怖以多样化的方式呈现：《弗兰肯斯坦》《修道士》中的阴暗描写、[①]《乌鸦》《安娜贝尔·丽》的死亡浪漫[②]等都是想象中对恐怖的言说。如弗洛伊德所言，文学作品及艺术作品中反映的神秘而恐怖的东西的确值得专门讨论。这一类恐惧的范围比现实生活中的恐惧更为丰富，因为它不仅包含了后者的全部，而且还有其他的、在现实生活中找不到的东西。被压抑和被克服之间的差别只是经过彻底的改动才能移置到小说中让人感到神秘而恐怖的东西上，因为幻想世界的效果依赖于这样一个事实：幻想的内容并不接受现实的检验。因此，我们便得出一个有些自相矛盾的结果：首先，小说中许多并不神秘恐怖的东西如果发生在现实生活中，就会产生神秘恐怖的效果；其次，小说中产生神秘恐怖效果的手段比现实生活中多得多。[③] 质言之，自然恐怖是非观赏的、沉默的、需要逃离的，而艺术恐怖在人的审美接受之中。因此，即使是如同萨德般惯于杜撰奇景制造骇人听闻的恐怖故事的人，也会被亲眼所见的实景——巴黎大屠杀——而深深震撼。难以描绘的情绪被表达为"没有什么比这里的屠杀更恐怖了"[④]，真实、可爱的人的死亡铸就了恐怖的历史。所以，头脑发热的想象可能包含恐怖场景，但它们不必成为现实。萨德喜欢用一些富有震撼力和亵渎神灵

---

① 分别是玛丽·雪莱、刘易斯的小说作品。
② 二者皆为爱伦坡（Edgar Allan Poe）的诗篇作品。
③ 弗洛伊德：《论文学与艺术》，常宏等译，国际文化出版公司，2001年，第298页。
④ 出自萨德写给戈费里迪（Gaufridy）的信（纽曼：《恐怖：起源、发展和演变》，赵康等译，上海人民出版社，2004年，第141页）。

的叙述来煽动那些性情沉稳保守的人，但是他没有要求人们在现实中痛苦地再现这些恐怖场景。① 换言之，效果－接受的艺术恐怖既不能也不需要被压迫－逃离的自然恐怖代替。

具体而言，艺术恐怖的效果与人的情感转换相关。亚里士多德将恐惧与怜悯作为悲剧必不可少的两种情感要素，意在指明净化的张力或宣泄的快感产生在压迫和释放的转换之间。"悲剧所摹仿的行动，不但要完整，而且要能引起恐惧与怜悯之情。如果一桩桩事件是意外的发生而彼此间又有因果关系，那就最能（更能）产生这样的效果。这样的事件比自然发生，即偶然发生的事件，更为惊人（甚至偶然发生的事件，如果似有用意，似乎也非常惊人……），这样的情节比较好。"② 意外引起恐慌、惊惧，在出乎意料的悲惨情境中，恐怖转换成对被压迫者的同情。按照汉斯－格奥尔格·伽达默尔（Hans-Georg Gadamer）的说法，哀伤和颤栗的突然降临表现了一种痛苦的分裂。在此分裂中存在的是一种与所发生事件的分离（Uneinigkeit），也就是一种对抗可怕事件的拒绝接受（Nicht wahrhaben wollen）。但是，悲剧性灾祸的作用正在于，这种与存在事物的分裂得以消解。就此而言，悲剧性灾祸起了一种全面解放狭隘心胸的作用。我们不仅摆脱了这一悲剧命运的悲伤性和战栗性所曾经吸住我们的魅力，而且也同时摆脱了一切使得我们与存在事

---

① 纽曼：《恐怖：起源、发展和演变》，赵康等译，上海人民出版社，2004年，第140页。
② 亚里士多德：《诗学》，陈克梅译注，商务印书馆，1996年，第31～32页。

物分裂的东西。① 净化或宣泄成就了分裂的压迫，恐惧作为分裂的提供者，在悲剧中被最终驱离。于是，作为情感被接受的恐怖能在自然和艺术中呈现。恐怖由害怕与厌恶合成，但是它们不是简单的合成，而是一个错综复杂的结合体。仅仅概念上的反常并不能令人产生恶心和恐怖的感受，但是当概念上的反常与害怕结合在一起的时候，概念反常这一元素就会以它自身的方式变成令人害怕的存在。在可怕的想象中，令人害怕这一元素扮演了化学的作用，释放出一种催眠的特性（dormant property），不洁净，就是概念上反常的对象。换句话说，恐惧以一种催化剂（catalyst）的方式，将反常的东西转化为不洁净的。从直觉到价值、从感受到表现，恐怖成为一种感觉的美学样式。

需要注意的是，由于恐怖本身的难以言说、模糊和混乱，表达为美学样式的艺术恐怖，同样是非明晰的。因此，与恐怖相关的美学样式如幽默、科幻等，在某些方面——新奇、刺激、邪异的魅力——与艺术恐怖分享同样的前提和效果。所以，根据幽默的不协调理论，一个可能的关于恐怖与幽默的亲和的解释是：尽管这两种状态有所不同，但只要这两种状态的适当对象都涉及一个范畴、概念、规范或普遍期望，那么它们就共有一个重叠的必要条件。② 当

---

① 朱立元总主编：《二十世纪西方美学经典文本（第3卷）》，复旦大学出版社，2001年，第630页。
② 幽默的不协调理论来自对喜剧效果的解读（Noël Carroll, *Beyond Aesthetics：Philosophical Essays*, Cambridge University Press, 2001, 此部分为笔者翻译）。

然，严格来说，恐怖并不会融合到幽默中，反之亦然。原因是尽管恐怖和不协调的幽默共有某一条件，但它们在其他方面有所不同。恐怖除了类别干扰外，还需要令人恐惧。因此，当恐惧感确实出现时，恐怖就不会变成不协调的幽默。恐怖不会转移到不协调的幽默中。但是，如果通过中和或吸引注意力的方式来破坏或偏转恐惧感，则恐惧感可以成为不协调的幽默的适当对象。同样，当典型的幽默人物如木偶、口技表演者的假人和小丑致命时，它们可能成为恐怖的工具。[1] 这样，恐怖根据自身成全了恐怖的艺术类型。

概言之，在根本上，遥远的距离使恐怖的形象走向陌生，美学化的神秘和恐怖（艺术恐怖）由此取代自然的恐怖。在对恐怖的再现——如制作魔鬼的面具、讲述恐怖故事、参与恐怖游戏、进行艺术创作中，人的话语和行动形成了对抗恐怖本身的力，恐怖在表现或转换中被拉进了意义的体系。恐怖，作为陌生而强大的力量，在人的抵抗中压迫人前行。

第二节 恐怖与"力"

在有关恐怖的叙事中，恐怖的人格化形象总是强力的。这种强力如尼采所说是意志性的，它在压迫人的同时，使人迸发出前所未

---

[1] Noël Carroll, *Beyond Aesthetics：Philosophical Essays*, Cambridge University Press, 2001, 此部分为笔者翻译。

有的能力。"力，谓若奡荡舟，乌获举千钧之属。"① 不可思议的事件背后，强力恐怖地支撑着人的生命。所以，在生理学层面，恐惧是原初的意向、欲望和动力，驱使人的躯体在对抗未知的自身因素中运转。按照神经科学和认知科学的说法，恐惧感产生于扁桃体（一种细小的杏仁状块状组织）中神经细胞间微小的纤维链。约瑟夫·勒杜（Joseph Le Doux）教授作此评价："我们已证实扁桃体确如轮轴一样是恐惧之轮的核心。如果我们对神经传导纤维链了解得更深入，最终必将更有力地控制恐惧。"② 更进一步，扁桃体虽然是原始大脑的一部分，却是一个高级的按钮，可以制造出三种可定义的反应：恐惧的感觉和奔跑的欲望、骤升的愤怒或是剧烈的不满，以及轻飘飘或是"无边"的愉悦的感觉。所以大致来说，三个生存的策略——恐惧、进攻和缓和——就像一个三联开关一样塞进了一个小小的调节组织，在转瞬间便制造出情绪的变化。③ 扁桃体，在器官层面，成为承载恐惧之强力的媒介。

与此同时，在心理层面恐惧也是心理活动发生的基础。按照弗洛伊德的说法，我们可能会认识到无意识活动受"强迫性重复"原则的控制，这种"强迫性重复"源于本能的冲动，而且很可能为本能所固有。这种强迫性很强烈，它可以超越快乐原则，给思想的某些方面注入魔鬼的性格特征，而且这种强迫性在儿童的冲动中也

---

① 程树德撰：《论语集释》，程俊英、蒋见元点校，中华书局，1990年，第481页。
② 纽曼：《恐怖：起源、发展和演变》，赵康等译，上海人民出版社，2004年，序言第7页。
③ 纽曼：《恐怖：起源、发展和演变》，赵康等译，上海人民出版社，2004年，第256页。

表现得清晰可见；这种强迫性也是用来分析神经症患者的。上述情况使我们发现，凡是让我们联想到这种内心的"强迫性重复"的事物都可以被看作神秘而恐怖的东西。① 强迫、重复与冲动，构成了潜意识活动的三角结构，在这无法停止的循环中，恐怖将日常的事物陌生化为神秘物。男性神经症患者常常宣称他们对女性的生殖器感到既神秘又恐惧，这个隐秘（unheimlich）的部位却正是人类先前的家（Heim）的入口。② 具言之，于男性神经症患者而言，家（Heim）的出现意味着早已远离的家复又出现，他们内心的家的印痕在此时被唤起。但是，无法归家的必然导致这一愿望或欲望只能在幻想或实际的交媾重复运动中构成切实的思乡病症，性从此成为恐惧的发源地之一。对性爱的快乐感觉被归家的迫切愿望取代，压抑着的内在冲动转化为心理上的瘾症，恐惧迫使人的精神远离身体。于是，其他的相关情绪在身心的分裂中涌现，焦虑、厌恶、恶心、慌张等，③ 共同交织成恐惧情感的复合体。富塞利的作品表明，恐惧（terror）整体上是一种高于恐怖的（horror）情感。后者在寻求情感冲突的同时，总是过度强调内心深处的纷乱恐慌；而恐惧着力表达的是一种孤独的凄凉和庄严的沉重，一种细腻的受命运驱策的悲伤和宿命感。④ 恐怖作为纯粹的压迫，在其他心理的参与下

---

① 弗洛伊德：《论文学与艺术》，常宏等译，国际文化出版公司，2001年，第286页。
② 弗洛伊德：《论文学与艺术》，常宏等译，国际文化出版公司，2001年，第293页。
③ 因此，我们将冒昧地把"睡魔"所产生的神秘恐惧的情感归结于由儿童阉割情节而引起的焦虑。弗洛伊德：《论文学与艺术》，常宏等译，国际文化出版公司，2001年，第280页。
④ 纽曼：《恐怖：起源、发展和演变》，赵康等译，上海人民出版社，2004年，第149页。

构成恐惧的心理结构,并为恐怖的美学化提供了基础。①

更进一步,恐怖不仅被视为原始的、生产性的心理动力,而且成为经济性的、政治性的社会动力。罗宾·伍德吸收了弗洛伊德压抑、强迫性重复等概念,借用了马尔库塞理论中的"基本压抑"与"额外压抑"概念,② 提出恐怖是某种压抑的回归,这种压抑并不是包括了俄狄浦斯情结的普遍的基本压抑,而是额外的压抑。额外压抑是对公众行动的总体控制,如果说恐怖艺术的兴起反映的是文明所压抑的或被压抑的东西的抗争,那么承认这一戏剧化的体现就意味着承认恐怖的对象体现出来的正是压抑的恢复。所以,在迷信鬼神的意识有所减弱的伊丽莎白时代及其后的几个世纪中,许多自古以来引起人类恐惧的事物都被凡俗化成为脱离了鬼怪的联想,这使得人们开始对在身边的熟悉的事物——而不再是鬼魂或令人生厌的自然力作用——产生莫名的恐惧。人体自身包含的东西被认为比魔鬼、地狱或永久惩罚更为危险,而王室皇族最主要的恐惧总是围绕在阴谋和叛乱周围。③ 而对于浪漫主义者来说,大工业时代带来的让人震颤的力量生产出一种恐惧——机器、工业和众多发明成果包围着人们并迫使人们如骡马般工作,人们因而试图逃离这令人压抑

---

① 此处有关恐怖和恐惧(terror and horror)的区分(沈壮娟:《论恐怖与恐怖艺术的审美接受》,山东大学博士论文,2006年,第27~30页)。
② "额外压抑"又译"剩余压抑"(马尔库塞:《爱欲与文明:对弗洛伊德思想的哲学探讨》,黄勇、薛民译,上海译文出版社,2005年,第27页)。
③ 纽曼:《恐怖:起源、发展和演变》,赵康等译,上海人民出版社,2004年,第102页。需要注意的是,在政治中,恐怖同时具有激励和阻滞两种功能。

的重围，去一个能让他们体会包括恐惧、敬畏、极端麻木及对宗教虔诚的地方，[①] 恐怖艺术由此在自然恐怖和艺术恐怖的悖论中起源。这样，恐怖就是历史化了的社会力量，保罗·纽曼（Paul Newman）将恐怖的历史分为原始反应期、迷信期、震颤期、讽刺期或喜剧期[②]，在生理层面和心理层面之外，揭示了恐怖的结构动力学。系统化地言说恐怖，恐怖由此成为一种悖论性的存在。

第三节 恐怖与"乱"

对恐怖的言说揭示了一种荒谬性。在艺术化的恐怖表达中，这种荒谬性是自然恐怖与艺术恐怖的交织对抗；而在系统性的言说中，这种荒谬呈现在理性话语中的言说是无效和沉默的。正如事物的反复出现也会使神秘和恐惧的感觉消退，对恐怖的理性言说总在自身的偏离中感受到语言的失效和恐怖出场的冷漠。毕竟在根本上，恐惧是意义的反面：没有意义，恐惧便不在场；而没有恐惧，意义则失去起源之地。如弗洛伊德所言，儿童不害怕自己的玩偶活起来，他们甚至希望玩偶能活起来。由此可见，恐惧的心理在这里并不是儿时的恐惧，而是儿时的愿望，或仅仅是儿时的信念。[③] 同时，在恐怖症中，不管对抗性欲力量的胜利有多辉煌，这一疾病的

[①] 纽曼：《恐怖：起源、发展和演变》，赵康等译，上海人民出版社，2004年，第145页。
[②] 纽曼：《恐怖：起源、发展和演变》，赵康等译，上海人民出版社，2004年，序言第8页。
[③] 弗洛伊德：《论文学与艺术》，常宏等译，国际文化出版公司，2001年，第281页。

本质就是一种折中，它使得被压抑者不会罢休。① 恐惧始终围绕着意义而在。因此，将恐怖视作对意义体系之外的一切事物的反应是合适的——逃离、颤栗、惊惶、憎恶、合法反抗、斗争，人的作为在癫痫和疯病对无意义的重复中，在异形对寻常物和日常价值的背叛、破坏、凌虐中，指向一种模糊和混乱。乱，谓臣弑君，子弑父。② 在道德价值的崩坏中，恐怖成就了自身的解释学。

一方面，在根本上，恐怖与意义的直接崩溃和消解相关。按照存在论的说法，这是此在在沉沦中走向虚无。这一点可以从罗切斯特给亨利·塞维尔（Henry Savile）的信件中得知，罗切斯特声称"'自我记事起，这个世界就始终是这个样子，这简直让人无法忍受；而你也别指望会有任何改变。'这样看来，盘踞在他心中的恐惧不是博希（Bosch）之类的魔鬼或怪诞诡异的实体形象。那是一种空虚——一种对毫无意义并会最终逝去的生活的恐惧，这种恐惧甚至渗透于他的颅骨间隙"③。虚无在意义完全退场时出场，作为此在的生存背景，恐惧自然在其中生长。海德格尔将"始终亏欠"作为死的主要论题之一④，其根源就在，生命绝不能在恐惧面前直立，因而死亡作为最大的奥秘始终是远离的和异质的。茱莉亚·克里斯

---

① 茱莉娅·克里斯蒂瓦：《恐怖的权力：论卑贱》，张新木译，商务印书馆，2018年，第55～56页。
② 程树德撰：《论语集释》，程俊英、蒋见元点校，中华书局，1990年，第480页。
③ 纽曼：《恐怖：起源、发展和演变》，赵康等译，上海人民出版社，2004年，第132页。
④ 海德格尔：《存在与时间：修订译本》，陈嘉映等译，生活·读书·新知三联书店，2012年，第279页。

蒂瓦（Julia Kristeva）是基于同样的理由将恐怖视为卑贱的亲族，并宣称"而卑贱，它是非道德的，黑暗的，倒行逆施的，居心叵测的；它是一种遮遮掩掩的恐怖，一种笑里藏刀的仇恨，一股对躯体进行偷梁换柱而不燃烧它的热情，一个债务缠身能把您卖了的人，一位对您捅刀子的朋友……"①，毕竟卑贱把人拉向意义崩塌的地方。② 所以，任何人的语言行动（思想、言说、书写）的异质联结都很容易产生一种恐怖的效果，意义、惯性联结的意义，在其中崩溃了。怪异的配饰图案与黑暗中奇怪的声响，猫的求偶声和老妇人的突发死亡，挂画中人物的视线、镜面的倒影与吹来的凉风，这一切都在意义的非常规联结中扭曲起来。恐怖，诞生在虚无的注视中。

另一方面，恐怖与对抗者——话语和意义——的暧昧性，导致了意义稳固重建的不可能。因为在根本上，恐惧带有主体能指系统的脆弱性，一如缺乏的暗喻。③ 缺乏，意指言说本身的不完满和不牢固，它总将自身推向他者的怀抱；而主体能指系统，在将恐怖时间化为符号的同时，显露出自身的绝对易碎。④ 暧昧，在此表现为

---

① 茱莉娅·克里斯蒂瓦：《恐怖的权力：论卑贱》，张新木译，商务印书馆，2018 年，第 5 页。
② 茱莉娅·克里斯蒂瓦：《恐怖的权力：论卑贱》，张新木译，商务印书馆，2018 年，第 2 页。
③ 茱莉娅·克里斯蒂瓦：《恐怖的权力：论卑贱》，张新木译，商务印书馆，2018 年，第 46 页。
④ 绝对易碎是齐泽克的概念（Slavoj Žižek, *Das fragile Absolute：Warum es sich lohnt, das christliche Erbe zu verteidigen*, Berlin: Verlag Volk und Welt, 2000, 此部分为笔者翻译）。

意义抵抗的不彻底和不稳定，它既对抗着恐怖的表征物，又在自身的抵抗中通过反身性的言说走向恐怖。所以，凡是口述的活动，不管它命名或不命名都是具有口语特征的恐惧客体。从这个意义上来说，口述活动自古以来就对抗着恐惧客体这个卑贱物（abject）。[1]而恐怖客体是无物的幻觉：一个无前置物的暗喻[2]，它恰恰就是避免选择，试图让主体尽量远离决定，而且时间越长越好，这样做并不借助象征化的超我性阻隔，也不用非象征性手段，相反，它使用高强度的象征活动浓缩达到恐怖幻觉这个非同质的集块岩。[3] 这样，卑贱——恐怖症、强迫症、倒错的十字路口——分享同样的能动结构（économie）。那里能体会到的厌恶并不以歇斯底里的转换为外表，歇斯底里转换是这样一个征兆：当自我被"恶心物体"过度折磨时，便会转过身去，为自己清除异物，把它吐掉。在卑贱中，反抗整个地存在于生灵体内。在进行言语活动的生灵中。歇斯底里会挑逗、赌气或诱引象征体，但并不产生象征体，相反，卑贱的主体是一个卓越的文化生产者。他的病兆就是摒弃或重建各种语言。[4]概言之，恐惧并不消失，而藏匿于语言之下，恐惧客体是一种原型

---

[1] 茱莉娅·克里斯蒂瓦:《恐怖的权力：论卑贱》，张新木译，商务印书馆，2018年，第53页。
[2] 茱莉娅·克里斯蒂瓦:《恐怖的权力：论卑贱》，张新木译，商务印书馆，2018年，第54页。
[3] 茱莉娅·克里斯蒂瓦:《恐怖的权力：论卑贱》，张新木译，商务印书馆，2018年，第54页。
[4] 茱莉娅·克里斯蒂瓦:《恐怖的权力：论卑贱》，张新木译，商务印书馆，2018年，第58页。

写作（proto-écriture）。① 恐惧，造就了话语和意义在狂乱和清醒中的崩溃和重建。

在道德领域，恐惧对意义的瓦解表现为道德失落状态下主体的生存难题，失去了意义的连接和交互，人们的话语只能沦为恐怖威胁的无意识呓语。在戏剧《密室》中，让·保罗·萨特（Jean-Paul Sartre）描绘了如此图景：一个客厅里面的三个人（一个和平主义者、一个杀害过婴儿的妇人和一个女同性恋者）由于各自的世界观和需要（相互的而失落的）不同而相互折磨。被憎恨和漠然驱使的他们，在对他人的恐惧中，注定只能领会永远生活的痛苦和断裂。所以，让·保罗·萨特宣称，他人即地狱。与此同时，恐怖在道德崩溃的废墟中如幽灵般存在，如麦克白从谋杀了拥有天赋神权的国王起，就时刻处在恐怖的空白中，处在道德规范让位于魔鬼般的投机心理和政治野心的人间地狱中。② 恐怖，此时是妄图重新建立的道德的真正基石。于是，道德在恐怖中被还原为意义的碎片，死亡、奔逃、恶意的谋划、无意识的嚎叫，才是恐怖言说的主题。然而，道德价值的崩溃这一事件本身并没有价值属性，在价值的消解中，一种略显残酷的真实被呈现出来。

---

① 茱莉娅·克里斯蒂瓦：《恐怖的权力：论卑贱》，张新木译，商务印书馆，2018 年，第 49 页。
② 纽曼：《恐怖：起源、发展和演变》，赵康等译，上海人民出版社，2004 年，第 109 页。

第四节　恐怖与"神"

不可言说的恐怖,在最原始也最神秘的层面与神相关。此处之"神,谓鬼神之事"①。

> 宰我曰:"吾闻鬼神之名,不知其所谓。"子曰:"气也者,神之盛也。魄者也,鬼之盛也。合鬼与神,教之至也。众生必死,死必归土,此之谓鬼。骨肉毙于下,阴为野土,其气发扬于上,为昭明,焄蒿,凄怆,此百物之精也,神之著也。因物之精,制为之极,明命鬼神,以为黔首则,百物以畏,万民以服。"②

鬼神在儒家的学说中呈现为自然之中的超越物,恐怖由此成为鬼神人格化的脾性或特质。

与儒家的看法不同,在一神论宗教中,恐怖和惊惧既可来自至高者本身,又可来自至高者的对手,然而最大的恐怖总与人对至高者的神圣性和大能的发现或呈现有关。同时,恐怖与权能相关,在墓葬习俗中弱者处于陪葬者地位的事实,确证了恐怖的权力政治——惧怕者最终成为祭品,生者会失去生命。

---

① 程树德撰:《论语集释》,程俊英、蒋见元点校,中华书局,1990年,第481页。
② 杨天宇:《礼记译注》,上海古籍出版社,2004年,第616页。

而在多神宗教中，恐怖在超越性的参与下具象化为鬼神，先民将自身对超越者和超越物的感受和信念结合为朦胧而陌生的情感，并将之放置在空位的符号体系的远端。弗洛伊德将符号痕迹在心理再次显化的基础称为"思想万能"的原则，这种原则直接导致了恐怖的信念和情感的结合。

我们对神秘、恐怖事例的分析让我们又回到了古老的泛灵论的宇宙观，这种宇宙观的特点是：认为宇宙间充满了人类的灵魂；主体对自己的精神活动过程基于自恋而自视过高；相信思维的无所不能和基于这种信仰而认为巫术的无所不能；认为各种外在的人和物所具有的魔力或超自然的力量有严格的规定；以及所有其他臆造，人在毫无节制的自恋发展阶段凭借这些臆造，企图奋力回避毫不留情的现实的禁令。我们每一个人似乎都经历过一段与原始人的泛灵阶段相对应的自身发展时期，我们每个人都不可能度过这个阶段，而不残留下一些痕迹，这些痕迹还会显现出来，每一件让我们感到神秘、恐怖的东西都是因为它触动了我们内部残留的泛灵的思想活动的痕迹，从而使这些痕迹又明白地显现出来了。[①]

[①] 弗洛伊德：《论文学与艺术》，常宏等译，国际文化出版公司，2001年，第288页。

所以，神圣与恐怖的交织叙事一直占据宗教话语的核心，恐怖与崇高、洁净与污染，在禁忌的符号体系中，诉说着恐怖的神圣意味。"凡是能以某种方式适宜于引起苦痛或危险观念的事物，即凡是以某种方式令人恐怖的，涉及可恐怖的对象的，或是类似恐怖那样发挥作用的事物，就是崇高的一个来源。"① 与之类似，康德也认为："谁感到恐惧，谁就根本不能对自然的崇高做出判断……感到恐惧的人会避开使他畏惧的对象而不敢看上一眼；在真切感到的恐惧之中是不可能发现愉快的。"② 恐惧的美学化使人的视野和审美维度开放，在对恐惧的言说、注视和偏转中，一种接近禁忌、窥见真相的刺痛感唤醒人沉睡的心灵。因此，污秽、猥亵和违法与隔离的仪式在象征意义上和其他对他们状态的仪式表达一样有意义。他们不会因为干了坏事而被责怪，正像子宫中的胎儿不会因为它的敌意和贪婪被人责怪一样。③ 污染以禁忌的方式走近神圣，正如恐怖以驱逐的方式吸引人回收神圣的面容。恐怖，在符号化中呈现神圣。

由此，信仰实践中的恐怖感受在某种意义上见证着神圣的降临，信仰本身称为直面恐怖的事件。根据克尔凯郭尔的分析，匪夷所思、不可理解却又没有得到解释与回答的事物是恐怖的；在理解

---

① 朱光潜：《西方美学史（上卷）》，人民文学出版社，1979年，第237页。
② 康德：《康德美学文集》，曹俊峰译，北京师范大学出版社，2003年，第510～511页。
③ 道格拉斯：《洁净与危险》，黄剑波、柳博赟、卢忱译，民族出版社，2008年，第122～123页。

神圣的环节中缺失了最关键的部分——信仰——更是恐怖的。人若无法面对超出自身者靠近自身的恐怖，那么便会在疯狂中走向深渊，因为恐怖直接表现为人无法达成悖论式的信仰的飞跃。"我已目睹过令人恐怖的事情，我没有在恐惧中逃遁；但我深深地知道，即便我鼓足勇气走上前去，我的勇气仍然不是信仰的勇气，它无法堪与后者相比拟。"① 信仰，真正地在伫立在恐怖的面前。所以克尔凯郭尔极为钦佩亚伯拉罕直面神圣之恐怖的勇气，"哦，可敬的老父亚伯拉罕！族人的第二代父亲！你是感受到并亲身经历过那汹涌激情（Lidenskab）的第一人，它蔑视与狂怒的因素和创造性力量所进行的恐怖斗争，以便与上帝一比高低；你是知道那至高无上的激情的第一人，它是对为异教徒所钦佩的那种神圣的狂迷的一种圣洁、纯粹和谦卑的表达——请原谅那对你称颂备至之人，如果他做得并不恰当的话"②。激情，作为恐怖的内在力量，充满信仰者的生命。

人对恐怖的言说终止于话语的无力，话语建立的意义体系，"或无异于教化，或所不忍言"③。在与教化相关的恐怖言说中，有一种自然的观念宣称鬼神者不善，将恐怖与价值判断关联起来。随之而来的是，人们对鬼神的恐惧带有这样的暗示：死去的人成了生

---

① 克尔凯郭尔：《恐惧与颤栗》，刘继译，贵州人民出版社，2018年，第24～25页。
② 克尔凯郭尔：《恐惧与颤栗》，刘继译，贵州人民出版社，2018年，第13页。
③ 程树德撰：《论语集释》，程俊英、蒋见元点校，中华书局，1990年，第481页。

者的敌人，寻找机会要把这个人带走，同他一起分享新生活。[①] 然而，有关恐怖的道德教化并不合适，善灵和恶灵的区分直接地传达出这样一个信念：是异质性而非道德评价使鬼魂成为一种恶意的他者。所以，死亡对司法和正义的表征真正地使恐怖的价值模糊化，恐怖因之成为人与他者相遇的存在场景。异质、反常、陌生，言语在沉默中会停止对恐怖的洞察，怪、力、乱、神成为在不同历史阶段交织的恐怖的肖像画。但恐怖是没有界限的，唯独有关恐怖的言说、在恐怖中存活，生成人的存在性规定。

[①] 弗洛伊德：《论文学与艺术》，常宏等译，国际文化出版公司，2001年，第290页。

第十二章 论苦难、灾厄与末世

于人而言，苦难并非日常生活的平等参与者。其表达是，它不以对话或相遇的形式现身，在事件层面，它剥离或再规定既有主体或秩序。结果显然易见，苦难不仅拒斥对话，它在建立于善和美好对立的符号价值体系的同时，也拒绝言说本身。苦痛、抛弃、背离、惨绝人寰，这些都是苦难的象征和标记，它们在暗示未被说明之物。因此，人言说的根本目的之一是诠释苦难。陀思妥耶夫斯基笔下小人物的哭泣[①]，述说着的不仅是人着实无法承受苦难规定生命这一事实，更是建立在此基础上的对人类整体、此世界和神圣关系的疑忧。所以，即使苦难本身无价值，人的自发诠释也赋予了其最基础的、消极的内容。被如此建构的意义体系，即日常言说中的苦难话语。

然而事实上，无论在生物学还是心理学层面，苦难的意味都未被局限于此，比如在生物学领域，苦难被视作痛苦、焦虑、压抑等感觉的延伸，带来的疼痛乃是生命有机体的自我警示。当这苦难超过生命有机体的承受阈值时，疼痛感觉即身体最直白的声响。同样，在心理学论域，苦难所扮演的角色是信差。当人的心理境况面临突变时，痛苦、悲伤就是值得注意的消息，它内含生命最本真的情感。换言之，与自然的苦难话语——实有的身体和心理上的回应——相比，日常的苦难话语多出了价值层面的规定，它将苦难的意涵固定并消极化了。但是，这种消极化并不总是恰当的，因为在

[①] 陀思妥耶夫斯基：《白夜》，荣如德等译，上海译文出版社，2015年。

实存的意义上，价值秩序并不比自然秩序更优先，从人们偶尔对苦难的赞赏中可以看到这一点。所以，对主体来说，自然的苦难话语所指的身体和心理的秩序乃是其持存的基础，而日常的苦难话语所指的价值秩序能更多体现其独特性：在秩序规定性的更新[①]中，此在试图以沉沦的方式逃避苦难、死亡和未知。并且，这意味着人对稳固且美好的价值秩序的渴求使得苦难总以消极评价的方式出现，而这根植于人的基本存在境况。

因此，价值秩序能做的，只是让生而有限之人在险恶的境况中持存。而人对苦难的诠释不仅要基于人的切身感受，更要契合其生命理性，二者缺一不可。阿多诺所说"奥斯维辛之后，写诗是残忍的"[②] 表明的正是言说苦难需先让语言经历洗礼。有关灾厄[③]和末世[④]的言说乃是苦难话语的拓宽或纵深，无论是日常的还是自然的，其言说主体的感受和理性都需要同时经过苦难的洗涤。这样，无端的呻吟、自我弃绝的放荡和别有用心的谣传才能被甄别，它们都偏离了苦难之逻辑。

---

① 更新乃是对既有（或预想的）秩序的中断。
② 奥斯维辛是德国纳粹在第二次世界大战期间建立的劳动营和灭绝营之一，它见证了20世纪的一场巨大灾难。从诗歌到其他形式的创作、研究，在黑暗降临的时候要么苍白无力，要么"沉默"，甚至沦为"帮凶"，为纳粹罪行提供正当性辩护，使之可能。而等到第二次世界大战结束，纳粹退出历史舞台，它们不沉默了，转而紧随大流控诉纳粹，而非首先忏悔。悖论是真正具备批判和反思精神的创作者，在德国纳粹时期往往难以幸存。创作仿佛与正义、人性、良知已经决裂。阿多诺因此怀疑整个文明。但此后他重拾信心，认为"写诗"也许不是野蛮的，需要包括"写诗"在内的思考、创作与历史遗忘斗争（特奥多·阿多尔诺：《否定的辩证法》，张峰译，重庆出版社，1993 年）。
③ 在汉语语境中，"灾厄"亦可表述为"灾难"。
④ 根据不同的理论观点、语言习惯和翻译习惯，"末世"也称"末日""终末"等。

第一节　苦难、灾厄及末世的涵义

人初次以符号表达苦难时，一种性质的转移便已发生：呈现为经验感受和心理状态的自然的苦难话语，在所指意义体系中，被转换成意指事件和价值的日常的苦难言说。这一转换，既包含身体话语[①]向思想话语的转变，又囊括自然符号向人为符号的变迁[②]，言说此时固化事件的内在规定。汉语中"苦难"一词的语义演变，正表明这种转换的历史。"苦，大苦……苓也。"[③] 苦苓指一种味苦的植物。难更加形象，它描述被困鸟儿哀鸣之情态。人如此描述对他物及对自身的体会，苦难由此具备了原初表意。作为实在符号的"苦"和"难"，在从描述味苦、声哀等感受转换成描述事件和价值的过程中，变成修饰性的；而这不仅是生物学上的必然，也是语言学上的必然。人以语言的方式存在[④]，一切感受性的事物的符号化都无可避免。其中，感受性带有的价值意向不会消失，它构成价值诞生的基础。最早指物的文字符号"苦"和"难"，正是在脱离自身的原初物象之后，成为具有普遍意义的价值符号。

[①] 身体具备自足的现象表达，拥有自己的言说体系（梅洛一庞蒂：《知觉现象学》，姜志辉译，商务印书馆，2001年）。

[②] 自然符号是指称与人无关之事物的符号，人为符号是指称与人相关之事物的符号。若以价值为区分标准，前者是无价值的，后者则与价值相关。

[③] 许慎撰：《说文解字注》，段玉裁注，许惟贤整理，凤凰出版社，2007年，第46页。

[④] 包括言说、书写和理解。

然而，即便如此，苦难的负面价值化（消极）也不与其符号性等同。事实恰好相反，苦难在最初表达了与物象感受相悖的价值涵义。苦苓（学名苦楝）虽是以味道命名，却以实用价值著称。其味苦、性寒、有毒，却可杀虫、疗癣、止痒，既能清热祛湿，又能行气止痛。在价值层面，味道之苦是正向的。同样，"难"这个字虽然指称被人捉住的鸟，但鸟被人捉住并不全然意味着自由的丧失（虽然大部分时候如此），人也可能出于救助的目的捕捉鸟类。结果是符号化并不会将特定的价值加诸某（类）符号之上，作为符号的表达，价值是符号结构的功能，而不是符号本身。所以，苦难这一语言符号，并不能被限制在消极的价值评价之中，而应当被归于表达情境。① 同样的理由适用于作为语言符号的"灾厄"和"末世"，二者源自苦难，并在拓展、纵深或转义的意义上使用了苦难的价值符号。但苦难和灾厄、末世毕竟不同，它们的逻辑是交叉的，其符号意味在向度上互相区别。

一方面，在汉语语境中，灾厄指灾难性的事件，包括天灾、地灾、人灾、兵灾等。因通常带来大规模的苦难，灾厄一直被理解为苦难事件的扩大化，其中，规模的增大、程度的加深使得苦难的性质发生转变：它不再是可承受的痛苦和磨难，反而成为一种令人恐惧的事物。人们避之不及，视其为不详，这种"带来大规模和深层次苦难的事件"乃是与天之力相关的事态。"凡火，人火曰火，天

---

① Richard Swinburne, *Revelation：from Metaphor to Analogy*, Oxford University Press Inc., 2007, 此部分为笔者为翻译。

火曰灾。"① "御廪灾。"② 这些描述都表明了灾厄与自然的原初关联：苦厄是天火焚于世间的苦难图景。而在这之外，"天地有裁（灾）则不举"③，灾厄的非人特性由此凸显出来。一方面，自然的力量总是非人力可抗衡的，但人仍要有所回应；另一方面，人不至在承受能力之外的苦难面前完全沉默，它要有所指称，这就是"灾"。所以，当"灾"被用来表示一般含义的灾害和祸患时，人实际上已在无意识逃避"灾"所暗示的深刻苦难了——没人希望遇到"飞来横祸"，更不会有人希望遭受"无妄之灾"。

另一方面，"末世"如其字义所示，通常指称世界或世代（generation）的末端。狭义上，末世意味着全体人类所处的整体情境已处于灭绝的边缘，在不久的将来，这一既存的生存秩序会分崩离析，其结果是人类整体同时走向存在的终结。"末世衰微，上下相非，灾异时至"④，描述的是某一世代（朝代）的结束，人们倾向于将之视作全部人类历史的终结。与此相对，广义上的末世可以仅指特定人所处特定情境的终结，即在特定情境中的个体或集体若无法度过这一事件，便会遭受难以言喻的苦难和损失。日常生活中时

---

① 《十三注疏》整理委员会整理：《十三经注疏·春秋左传正义（上、中、下）》，北京大学出版社，1999年，第674页。天火可能指陨石、雷暴、火山喷发、森林大火等一系列与火相关的自然灾难。
② 《十三注疏》整理委员会整理：《十三经注疏·春秋公羊传注疏》，北京大学出版社，1999年，第103页。
③ 《十三注疏》整理委员会整理：《十三经注疏·周礼注疏（上、下）》，北京大学出版社，1999年，第83页。
④ 黄晖撰：《论衡校释》，中华书局，1990年，第784页。

常听到的"今天真是个灾难",表达的正是对霉运或事情不顺利的感慨。如同"灾厄"的词意削弱,此种表达同样是人无意识逃离"末世"预言或假设的结果,毕竟末世所描述的景象,比起灾厄,更让人无法承受。在末世中,不仅有诸如"雷轰、大声、闪电、地震"等天地异象出现,更有人的自我灭绝。"末世之政则不然,上好取而无量,下贪狼而无让,民贫苦而忿争,事力劳而无功,智诈萌兴,盗贼滋彰,上下相怨,号令不行。报政有司,不务反道矫拂其本,而事修其末……削薄其德,曾累其刑,而欲以为治,无以异于执弹而来鸟,捭棁而狎犬也,乱乃逾甚。"[1] 正是这种人的自我弃绝造就了更加彻底的末世,其中,人所凭靠的价值秩序已被摧毁。

这样,苦难、灾厄和末世的涵义是不同的。可以发现:苦难确实是灾厄和末世的基础,但灾厄和末世比苦难表达得更为具体、更有力度。换言之,与苦难相比,灾厄和末世在根本规定上,已经有所偏移:灾厄和末世都包含了受动主体的扩大化,且更加注重价值秩序的构建。[2] 所以,当人们将灾难定义为"一种由自然界的破坏性力量或社会技术环境引起的,人类处于二者导致的脆弱性条件里的过程或者事件"[3],且将末世定义为"此世之终结"时,承受、开放、建构等特性并没有被凸显出来,反倒是秩序、价值、解构、混

---

[1] 刘文典撰:《淮南鸿烈集解》,冯逸、乔华点校,中华书局,1989 年,第 271~272 页。
[2] 若将活着视作善,死亡作为恶,那么末世无疑是恶的。但若将死亡看作解脱或通向更美好之地的含义,那么末世无疑是善的,至少是价值未定,可能为善的。
[3] Anthony Oliver-Smith, "Anthropological Research on Hazards and Disasters", in *Annul Review of Anthropology*, 1996 (25): 303—328, 此部分为笔者翻译。

乱、疯癫成了时髦的词汇。但苦难、灾厄和末世毕竟拥有不同的逻辑，具有不同的符号特征，它们必然表现出不同的事件类型。

第二节　苦难、灾厄及末世的逻辑

自然的苦难话语是生存性的，其指向乃是主体持存的身体秩序和心理秩序。与之相较，日常的苦难话语指向主体（尤指人）持存的价值，它与符号化的存在相关，人们的生存在此成为一种生活类型。因此，苦难话语最关切的秩序性，实际上是人如何将苦难事件符号化为苦难话语，并在以后的生活中运用它。而苦难话语比苦难事件多出的秩序性，在根本上则是一种复写的确定——人们意愿以语言符号的方式描述、复刻并加深苦难事件于人的身体与心理的作为，它既是象征，也是标记。所以，与苦难事件相比，苦难话语的秩序性的特点是重复，它试图通过改变秩序的承载媒材，进一步加深苦难的轨辙。其中，苦难事件的内容和逻辑都未得到改变。这意味着，苦难事件实际上规定了苦难话语，而苦难话语的逻辑承继苦难事件的逻辑。

就苦难事件而言，苦难作为事件发生，正意味着苦难本身自在。其存在逻辑即其发生逻辑。此处，属于形上范畴的苦难本身，在实在范畴中事件化为苦难事件，其所遵循的正是自我关系之表达：苦难本身在难以言喻的非确定性中首先发现了自我与存在的关系，而后将自我关系化为主体的确定性、持存性，并最终在与存在的相关中纳入实存的时间性和广延性，具化为与主体遭遇的苦难事件。所以，具有非存在特性的苦难本身，在去言说（de-speak）的层面上，可被理解为"悖论式的形式存在"[①]，它总在自身的解构中发现并确立自身的实存；而苦难事件则是在实在范畴内具体发生、与主体相遇的时空事件，它以发生事件的形式，将悖论存在的性质加之主体。于是，苦难事件的秩序性就可以理解为时空的秩序性，它包含此时空内的一切实有秩序形式，人的身体秩序和心理秩序自然包括其中；而苦难本身的秩序性，即苦难把自身表达为悖论式存在，它在发现秩序性时才存在，在存在时才有秩序性。

这样，苦难在形上范畴、实在范畴、符号范畴的不同呈现就得到了说明，所遵循的不同逻辑也有了结论：苦难本身是"悖论式存在"，苦难事件在实在范畴（时空）中确立并持续，苦难话语则重复已有的实在性。苦难事件在继承苦难本身的逻辑基础上，加入了表达为实在性和持存性的秩序性，而苦难话语在继承苦难事件的逻辑基础上，增添了价值秩序。由此，苦难话语遵循"悖论式存在""实在之持存""价值之重复"三重逻辑，而灾厄和末世在这三重逻辑的基础上，又有所添注。

灾厄也可分为灾厄事件和灾厄话语。[②] 对于灾厄事件而言，它是实存之现象：无论是灾厄事件的发生还是与灾厄事件遭遇的主

[①] "悖论式的存在"区别于黑格尔的辩证发展模式。因为黑氏的辩证法，总是乐观地预设行动的结果，即合一。
[②] 这里不讨论由形上范畴所规定的"灾厄本身"，因为灾厄在根本规定上和苦难分享同一种逻辑，即从形上范畴转到实在范畴的"悖论式存在"的逻辑。

体,都始终保有持续存在的特征;在更具体的层面,灾厄事件是大规模的、蔓延的、普遍发生的苦难事件,其行为方式是在时空之中发生、消失并如此反复;与之相较,灾厄事件的承受主体,在灾厄事件中保有自身的身体、心理等实在秩序,且这秩序经由灾难的改变转化为新的持存。所以,灾厄事件与苦难事件的逻辑基本一致①,区别只在灾厄事件更偏重自身的持存而不是灾厄承受主体的持存。这种偏重在话语中表现为对未来事件的预测,且正是这一偏重,使得灾厄话语拥有了与苦难话语不同的逻辑。具言之,灾厄话语对灾厄持存的偏重,极大地削弱了灾厄承受主体持存的可能;且灾厄事件以压倒性的优势打破了主体持存的边界、冲破了其承受阈值,由此主体只能选择奔逃。其结果是,灾厄主体不再重复同一种秩序性,反而试图以一种秩序代替另一种秩序,其发生逻辑也因此成为替代性的。实体被解构、人以修辞的方式表征灾厄话语的事件特性,这都是人希望逃离被代替之命运的作为。② 与此同时,灾厄话语所呈现出的预测性也印证了这一点:人们试图通过"已知通向未知"的预测逻辑,即通过对现实苦难感受的回忆和类比,建构一种反对的话语。③ 其中,灾厄事件表征消极,人则通过恐惧、厌恶、

---

① 本文中的"一致"严格区分于"同一",前者是包容的协商、后者是排他的决断。
② 宗教是逃避和慰藉,与此相似的是"猎巫"谣言。
③ 宗教在人类面临灾难时的心灵抚慰是人类战胜灾难、保持心理平衡的主要精神源泉。人类防灾除技术手段外主要的手段即是宗教的仪式和法术,这一点在原始宗教如巫教、萨满教中即已充分表现出来,原始宗教的巫术与仪式基本上都与禳灾和治病有关。这种看法就属于灾厄式的预测(线性发生)逻辑。

悲伤等情绪，实现命运的反转。所以，灾厄话语的逻辑，实际上是替代逻辑和预测逻辑的综合，两种逻辑分别表达了灾厄事件及承受灾厄之主体的不同意向。

可以预见的是，末世也与苦难、灾厄类似，可在事件和话语层面被分为末世事件和末世话语。[1] 区别之处在于，"形上之末世"注视解构本身并照见了自身在其中虚无化的境况，由此它无法被话语规定，只能被视作奥秘性的不可言说。但末世的情境特征并没有因此被遗忘，反而在"实在之持存"中得到了前所未有的明确：末世要么以压倒性的力量迫使其承受者融入自身，要么以难以揣度的方式终结全部存在。这意味着，末世事件的实在之持存是情境性的、终结性的，它成就了替代的过程，并将之转化为"独在逻辑"[2]。人将完全消解在末世之中，且无论人如何作为，都注定如此。所以，有关末世的话语总是极端的：人要么喜悦地欢迎它，要么绝望地远离它，不存在一种中立的态度。[3] 进一步说，于前者而言，末世话语的逻辑是盼望的，人可经此末世达致此世[4]的超脱和擢升。即使末世表现出恐怖，也不会导致自我弃绝，末世的固有价值奠定了此

---

[1] 这里我们同样不讨论由形上范畴规定的"末世本身"，因为末世在根本规定上也遵循"悖论式存在"的逻辑。
[2] 也可称为"同一逻辑""排他逻辑"。
[3] 平静地接受带来灵魂的欢愉，它最起码会使人从生命的重负中释放，因而对这些人来说，不可避免的末世是受欢迎的。
[4] 比如在基督教、印度教和佛教的教义中，末世既是此世之末，也是彼世之端，虽然它们对末世的表现及彼世的看法不一。

世意义的基础，形上、艺术①和宗教由此而来。但对后者而言，末世话语无疑是绝望的，人在此世中灭绝，能做的要么是遗忘，要么是放肆。所以，在绝望之人的话语中，末世成了一种禁忌：言说它必须经过意义层面的削弱，它的实现则被视为终极的无意义。② 这样一来，末世的无意实际上为此世的存在奠定了基础，且末世话语的逻辑实际上是由未知到已知的等待逻辑，它的根基是预定的死亡和未置可否的新生命。这样，末世事件作为尚未出现的终极决定了末世话语的叙事结构：人在盼望或绝望中等待着它的到来。"总有一天，一切都会美好。这是我们的期望……今天一切皆美好。这是我们的幻想。"③ 清醒的灵魂以理智观照末世。

由此可以得知，苦难、灾厄、末世确实在形上范畴分享同一逻辑（略有差别），但在实在范畴和话语范畴，它们的发生逻辑是不同的。作为基础的苦难逻辑更具有一致性，更加开放和中立；灾厄的逻辑和末世的逻辑则逐渐偏重事件本身，并根据偏重程度的不同决定了话语的不同内容。所以，当人实际遭受苦难、灾难和（广义上的或尚未来临）末世时，言说它们的话语所表达的正是言说者的逻辑。但是并非所有的言说都值得接受，因为话语建立了价值体

---

① 灾难和恐怖艺术（如电影）时常是现象性的，它是对苦难的预备和预防，并引起复杂的期待情感。
② 因为实际上，末世不是由人定的，末世的逻辑是非人的逻辑。所以，凡是试图以人力达成类似结果的，必然是一种极大的罪恶，与此类似的是"死亡"这一个体的终极事件。
③ 伏尔泰：《伏尔泰文集 第 10 卷 老实人·天真汉·咏里斯本灾难》，蒋明炜、闫素伟、蔡思雨译，商务印书馆，2021 年，第 248 页。

系，而价值体系本身并不接受违反其根基的内容。因此，无论是苦难话语、灾厄话语还是末世话语，都不能抛弃感受性和理性，成为独断的意志的自白。

第三节　苦难、灾厄及末世的关系

在厘清了苦难、灾厄及末世概念的涵义和逻辑的基础上，三者之间的关系也清晰了：苦难、灾厄和末世本体上保持着一致，内在紧密联系，外在逐步分离。换言之，在形上范畴、实在范畴和符号范畴，苦难、灾厄及末世拥有不同程度的差别。其中，形上范畴的差别是细微的，即苦难在自我关系并实在化时，注视的对象有所不同：苦难本身注视过程，灾厄本身注视主体，末世本身注视境况。但注视毕竟是尚未作为的意向，不构成显著差异。所以，三者在形上范畴的一致性胜过了差异性。除此之外，苦难、灾厄及末世在实在范畴的差别是明显的：关键差别即所指的实在的差别。苦难事件意指发生在个体或群体生命中，使承受者遭受可承受范围内的身体或心理上的损害的事件；灾厄事件指发生在个体或群体中，使承受者遭受难以承受的身体或心理上的损害的事件；末世事件则是发生在全部生命中，使承受者遭受不可承受的身体、心理及灵魂上的损害的事件。三者在事件的承受主体、事件的作用对象及事件产生的影响方面都有所不同——苦难总是个体的，灾厄则是群体的，末世是终极的。这样，三种实指造就三种类型的话语，且苦难、灾厄及末世之间的差异在范畴的层叠中得到加强：作为话语的苦难、灾厄及末世之间的差别最为巨大。

所以，一方面，苦难话语、灾厄话语、末世话语之间的差别需要阐明，此处以苦难话语 A、灾厄话语 B、末世话语 C 为例。苦难话语 A：老人之子因为摔断腿而大呼"痛啊！悲啊！"① 灾厄话语 B："9·11"事件的亲身经历者在接受采时说："这是毁灭性的灾难！"末世话语 C：黑死病发生的世代，时人宣称"末世已经降临，生命将不复存在"。此三类话语皆具独特的语义表征。

首先，苦难话语的言说总是个体性的。此处个体性既指言说主体的单一性，也指所用言语的私人性，同时指称言说对象的独立性。老人之子大呼"痛哉！悲哉"，这呼喊的内容只有他自身知晓："痛哉！悲哉"是对自己时运不济、摔断了腿的呐喊和无奈，而不是旁人被征去服役时由于厌恶战争而发出的悲痛呼号，此乃发生在老人之子身上的个体性的事件——他身体上的损害（物理损伤）和心理上的伤痛（无法再骑马的悲伤、遗憾等情绪）使得此呼喊称为独立的苦难话语。而在灾厄话语和末世话语中，言说总是集体性的。其中，灾厄话语呈现部分的集体性，末世话语呈现全部的集体性。与个体性相对，此处集体性既指言说主体的多元性，也指所用言语的公共性，同时指称言说对象的统一性。比如，"9·11"事件的所有的亲历者都认为这灾难是毁灭性的，其可怕程度超越了人的

---

① 此处可参考塞翁失马的故事。

承受范围，并且大家甚至能以非语言的方式获得共同的感受。换言之，"9·11"事件是这些人的共同感受、共同记忆，在这些人心中留下了同等印痕。至于末世话语则更加可怕。黑死病席卷整个欧洲时，所有生命都面临终结，动物也成群死去，这是全部生命终结的景象，其境况涵盖了承受者、言说者，是不可剥夺的所有个体的生命背景。末世是可见的，一切都将陨灭，而群体性会被整体性替代。

其次，苦难话语的言说是瞬时的，与之相对的灾厄话语的言说则是延续的，而末世话语的言说是终极的。在发生学上如此表达，此类话语既指称实在的言说事件，也体现话语内部的逻辑。老人之子大呼"痛哉！悲哉"只占据了极短（相对而言）的时间历程，而"9·11"事件发生之后，与之相关的灾厄话语（包括所有的亲历者及旁观者的言说）持续了更长时间，乃至到现在，人们仍然会提及它。至于末世，它居于时间终点处，甚至会排斥时间本身，在其到来之前，有关末世的话语会持续存在，"末世已经降临，生命将不复存在"这类话语会被不断言说，区别不过是情境发生了转换。需要注意的是，在苦难话语、灾厄话语和末世话语内部，类似的特征也有所展现。比如苦难的持存在瞬时之后便逝去，始终处于解构和建构的互动中；而灾厄话语的持存以自身的存在为基点，所以灾厄话语具有蔓延、流传的特性——它在不断地重复（夸张）和异变（谣言）中运行。与二者不同，末世话语是情境性的，其内容纷乱复杂、难以厘清，但各种价值、观点和态度在其中都会得到呈现，它坚守整体的逻辑。于是，苦难的普遍性和个体性不仅在实在范畴上使其与灾厄、末世区别开来，而且在话语上，灾厄的延续性（事件逐渐发生）和末世的奥秘性（如时间戛然而止）也指向了苦难的简单性。由此，三者的内在逻辑和外在表现都差别巨大。

最后，苦难话语因可补偿倾向于意识性，灾厄话语则因不可补偿偏重身体性。其表现是，身体话语通常以无意识话语、本能话语的形式出现，基于感觉－反应模式运行；意识话语则是理性的、有意向的，其意向的合理性决定了内容的合理性。老人之子悲痛时的大呼很快被免除兵役时的喜悦补偿，此后才有了"塞翁失马，焉知非福"之吁叹；与"9·11"事件相关的话语首先表达为同情和哀悼，在这之后，才是对恐怖主义的痛恨和警觉。二者的侧重虽然不同，身体话语和意识话语却都在场。此处需注意的是，并非苦难话语只表现意识性或灾厄话语只表现身体性，毕竟苦难话语中的痛楚有时真实到难以承受，而灾厄话语带来的沉思会刻入见证者的生命中。生命及其生活处境是复杂的，在末世话语中，话语的意识性和身体性同时得到彰显：出于恶意或肆意的阴谋诡计、流言蜚语和追求救赎或顿悟共存，有些人默默承受苦难，而另一些人对苦痛破口大骂、加以诅咒。苦难话语、灾厄话语及末世话语因此被区分。

苦难话语、灾厄话语和末世话语之间相互关联首要表现在形上范畴方面，苦难、灾厄和末世具有规定上的一致性；而在符号范畴，苦难、灾厄和末世的话语承继了一致的逻辑和形式，它们都通过重构确立自身，解构和建构此时作为非目的事件发生。换言之，三者都将既存之秩序作为解构对象，但它们建构的对象和目的并不相同：苦难话语建构的是言说主体，灾厄话语建构的灾厄事件，而末世话语建构的是终极情境。与此相对，苦难话语旨在言说主体的持存，灾厄话语意在逃离，末世话语追求奥秘。三者在不同程度上保持着开放。

在发生的意义上，三者皆呈现出类比特征。即类比的话语通过遵循自身的有序性，在语法学和语义学层面，呈现为具体的秩序符号。具体言之，语法规则①使既存秩序的终结呈现为延续的：从苦难话语到灾厄话语再到末世话语，贯穿始终的是形式结构的功能性。功能通常以结果的方式被表达，所以人们习惯将苦难话语、灾厄话语、末世话语等同，进而将苦难、灾厄、末世视作同质演进。而根据语义规则②，苦难话语、灾厄话语、末世话语具有相同的言说对象，且其同质性在发生条件改变的情况下不会变易。这意味着，如果将其中一项定义为价值消极的，那么三者都将如此。于是，从苦难到灾厄再到末世的发生等同于从个体到群体再到全体的过程：承受者身体和心理的苦痛，只是在规模、程度、时空等方面不同。而与之相关的话语，由于在类型（比如口号和谣言）和结构

---

① Richard Swinburne，*The Coherence of Theism*，Oxford University Press，1993，此部分为笔者翻译。
② Richard Swinburne，*The Coherence of Theism*，Oxford University Press，1993，此部分为笔者翻译。

（家庭、社会①、政治、经济等）层面分享共同特征，最终形成交织的信念之网。

苦难话语、灾厄话语及末世话语共享存在。即作为在世者的言说，它们都在此世之中；而在世者的根本规定——人的存在样态和存在方式——决定了苦难话语、灾厄话语及末世话语如何生成。典型的，人以语言的方式在，于是苦难、灾厄和末世被符号化为话语；人是感性施动者、承受者，于是生命冲动由苦痛、死亡、未知、激情唤起；人具有理性，于是苦难、灾厄和末世话语在意识中联结，他们不再是单纯的身体言说。这样，被生命冲动之本能唤起的身体话语就只是表象的，理性话语作为意识反应根植灵魂。苦难话语、灾厄话语及末世话语的终极原因在人的根本生存境况：人在无处可归中，不断寻求着回归。由此，人才能在形上范畴与苦难、灾厄、末世相遇，并将其事件化、价值化为不同类型的言说。

通过诠释苦难、灾厄和末世概念的涵义、逻辑及关系可以得知，日常言说中的苦难、灾厄和末世，通常只作为符号指称实有的事件及

---

① 根据特纳的阈限理论可以得出如下推论：若将社群（社会之部分）或社会（整体）人格化为生命有机体，那么社群或社会与人类生命个体一样，都要经历不同的仪式过程。每当灾厄发生、社会受到重创的时候，社会结构就会出现断裂，社群和社会便随之进入一种阈限交融的仪式化或宗教化状态。这种阈限交融的变化，会往既存的社会结构中注入一种"反结构"的新活力（开放性），使社会结构在阈限后变得更加多样且稳固。最终，社群和社会在仪式过程完成中实现了持存之转变（特纳：《仪式过程：结构与反结构》，黄剑波、柳博赟译，中国人民大学出版社，2006年）。

符号间的关系。符号将实在范畴与价值范畴联系起来,事件的实在描述由此具备价值描述的功能。将灾厄视为价值的载体,如赋予灾厄仪式意义和历史记忆,正是在符号层面表现灾厄的修辞性及隐喻性。此时被叙述者不是灾厄事件,而是事件承载的人文精神及其价值定位。与此类似的是苦难的艺术化①,人把苦难精神及娱乐精神②结合在一起,就有了诸如灾难电影、废土文学等文艺形式。将苦难、灾厄、末世作为叙述背景,人得以以相反的形式彰显生命之力与美。

然而,不可就此认为,苦难、灾厄和末世正是如此被根本规定了。它们在形上范畴、实在范畴是自在的,即使其本质先于存在,也无法被还原成某种类型的言说。所以,在不同范畴内具有不同形式和内容的苦难、灾厄及末世在被言说时,相应的话语要区别开来。这意味着,仅在实在范畴、身体话语的层面言说三者是不够的,否则罪恶和谣言就是自然的合理的。此外,将特定灾厄发生的场域建构成仪式性场所,其意不只是追思悼念、抒怀感伤,它的深层意味是:人希望通过建立价值秩序来逃避直面灾厄时难以承受的恐惧和压迫。具有价值含义的苦难叙事,作为一种媒介,表面上是在传达蕴含美好的人类品质和精神;而在根本上,它是在不定之中寻求安定。这样,有关苦难、灾厄和末世的话语才具有了存在论意义上的真实:它们的所指不等同,在逻辑上有所差别,并且不限定某种本质。换言之,话语是表现的事件。

---

① 与自然恐怖和艺术恐怖的区分类似,自然苦难和艺术苦难在观赏的间距成为两物。
② 在恐怖喜剧中尤其如此。

第十三章　论虚无与虚有

言说虚无乃是不可能完成之事，人在言说虚无时，虚无绝对退场；而一旦人放弃这个企图，后者当即出现。当即性绝对排他，其结果与言说沉默之悖论相类似，言说虚无在话语的场景中非此即彼：话语意义和虚无绝不共谋。所以，人无法谈论一种真正的虚无，而只能谈论其印痕和走向，并且后者一旦被言说，就会被固化为有关虚无的主义或思潮。① 这样，虚无作为存在的不在场，若以在场者的方式被言说，就成为一种有且这有会以"非……"的样式出现，其伴随者——荒谬，无限地在存在边界的消解中扩展意义之区间。

　　弗朗茨·罗森茨维格（Franz Rosenzweig）有关"整全的无"与"无限的无"的区分很大程度上填补了这一意义之沟壑：整全的无（在康德那里）被分解为形式的知识的无——元存在论（形而上）、物自体（元逻辑）和理性的人（元伦理）；"无限的无"则是"死亡的无"（nought of death），是某种东西（aught）。每一个新的死去的无都是一个新的东西，它是常新的恐惧。② 换言之，作为 nothing 的虚无和作为 aught 的虚无是对立的，后者实际上是中转的、实现中的虚有，或多或少可被理解为沟壑或深渊。但无论如何，有一点十分显著：一种隐匿着的虚有在存在范畴无限表征着绝对的虚无。意义在自身的消失隐喻着虚无的无限存在，这虚无由之成为一种虚有。

---

① 当雅各比第一次将虚无主义引入哲学话语中时，作为主义的虚无，已经是体系化的观念了。
② 罗森茨维格：《救赎之星》，孙增霖、傅有德译，山东大学出版社，2013年，第5页。

第一节　从虚无到虚有

"虚，大丘也。"① 虚无的字形学解释中，是丘上无木，即荒原；其古老的字义学涵义乃是人为纪念逝者起舞。舞蹈是追悼的仪式，牺牲和祭祀后的吞咽和狂欢，此即有的原初意味。原始氏族的人群，一边起舞，一边吃食，存在与非存在交织于荒原之上。死亡与复活、生前景致与死后世界、器物与意义的混沌图景在无与有的相遇中，呈现为荒原上的生活。于是，虚作为废墟、荒原、与大地对应的虚空，实在地生成着某些事物；虚成为原始的、苍莽的自由。人的足迹刻痕其上，自由由此成为一切现成生活的底色。② 在虚有的生活中，痕迹、遗忘和沉默成为未实现的言说。

所以，人一旦提出问题，某种消极的元素就会被带入这个世界。③ 当这问题涉及难以言说甚或悖谬的事物时，虚无就会在荒谬的反转中涌现。在根本上，虚无乃"是"无规定的东西，"是"无规定状态本身。这个最明白易解的东西抗拒一切可理解性。④ 因此，存在的隐蔽本质，即拒绝，首先揭示自身为绝对不存在者，也即无

---

① 许慎撰：《说文解字注》，段玉裁注，许惟贤整理，凤凰出版社，2007年，第677页。
② "人的实在分泌出一种使自己独立出来的虚无，对于这种可能性，笛卡尔继斯多噶学派之后，把它称作自由。"（萨特：《存在与虚无》，陈宣良等译，生活·读书·新知三联书店，2007年，第53页）
③ Jean-Paul Sartre, *Being and nothingness*: *An Essay on Phenomenological Ontology*, Hazel Barnes trans., Washington Square Press, 1966, 此部分为笔者翻译。
④ 海德格尔：《尼采》，孙周兴译，商务印书馆，2002年，第883页。

(Nichts)。然而，在虚无的呈现层面即虚有的层面，作为存在者的虚无因素（das Nichthafte），无乃是纯粹否定（das bloß Nichtige）的最激烈的对立面。质言之，无从来不是一无所有，同样也不是某个对象意义上的某物；无乃是存在本身——当人已然克服了作为主体的自身，也即当人不再把存在者表象为客体之际，人就被转让给存在之真理了。① 此处，存在是最空虚的东西，也是一种丰富性；一切存在者，无论是已知的和已经验的存在者，还是未知的和还有待经验的存在者，都是从存在这种丰富性而来才获得它们存在的各个本质方式。② 丰富的给予使得虚有的荒原生长出游牧的生命群体。

由此，荒原自身获得了存在根源的含义——它不再作为贫瘠的土地被言说，反而成为一种无垠即无边界的生命的聚集之处。价值的话语此时被罢黜，唯独生命的自由得以呈现。如阿尔贝·加缪（Albert Camus）所言，在与荒谬相遇之前，芸芸众生是为着某些目的而活着，他们关心的是未来和证明，证明谁或证明什么都无关紧要。他们掂量着自己的机遇，他们把希望寄托于自己将来的生活，将来退休的生活及他们后代的工作。他们还相信，在他们的生活中会有某些顺利的事情。确实，他们就如同他们是自由的那样行动着，即使所有的行动都是与这个自由背道而驰的，而在意识到荒谬之后，一切都被动摇了。"我所是"的这个观念，我把一切都看作有某种意义的行动方式，这一切都被一种可能的死亡的荒谬感以

---

① 海德格尔：《林中路》，孙周兴译，上海译文出版社，2004年，第115页。
② 海德格尔：《尼采》，孙周兴译，商务印书馆，2002年，第882页。

一种幻想的方式揭露无遗。[①] 荒谬使得生命的意义被否定，但生命本身却得以留存，生命本身便是荒原或废墟。由此，荒原的景象让生命清醒：把我们和事物分离的，不是其他，而是我们的自由。正是我们的自由，对这一事实负责，即存在一些东西，它们是冷漠的、不可预测的和多样化的；还对另一事实负责，即我们不可避免地与它们相分离。因为正是基于虚无化，它们才得以显现，才被揭示是彼此相关的。于是，我的自由规划并没有给事物增加任何东西：它们导致事物存在，准确地说，现实被提供了多样性系数和可利用的工具性。[②] 虚无，以自由的方式远离一切现成品。

这样，当尼采说虚无意味着最高价值的自行贬黜时，实际上也表明了虚有的自由存在样态：虚有以虚无为根底，反对一切非生成的存在。虚有，在尼采那里，就是权力意志的游牧生活。所以，尼采坚信他自己的哲学最适合这种价值测试。它从两个主要方面全面支持和促进生命力，或者权力意志的旺盛能量：第一，尼采的哲学要求我们忍受生命本来之所是，忍受生命骇人的冲突和变化，危险与不确定性，而不是让我们浪费精力无谓地寻求一个藏在直接的经验之后或之上的更安全的世界；第二，通过否定我们的信仰和价值必然会追求的自在世界，尼采的哲学消除了所有阻拦个人自由和

[①] 阿尔贝·加缪：《西西弗的神话 论荒谬》，杜小真译，生活·读书·新知三联书店，1987年，第71页。
[②] Jean-Paul Sartre, *Being and nothingness*: *An Essay on Phenomenological Ontology*, Hazel Barnes trans., Washington Square Press, 1966, 此部分为笔者翻译。

创造性自我表达的障碍。尼采认为旧的真理图像，还有它对永恒本质和固定标准的坚守，会变得无关紧要，而尼采的大胆想象——人一刹那变得像全能者被引入一片没有结构的混乱，这是人们自己自由发明的意义模式，人们根据自己的需求设定目标，并塑造事实。

这无疑是一种虚无主义，但这是一种积极虚无主义，它完全对立于西方文化已经被引入的那种顺从的、绝望的消极虚无主义的心绪，这种文化疲惫不堪地追求着客观真理的幻影。在这种积极虚无主义中，权力意志能够完全自由地支配一切，那些被束缚的最强壮和最持久的生命力有望占据优势。于是，尼采的真理理论与他的超人即将到来的预言结合在一起，这超人的太阳就出现在一种文化的地平线上，而这种文化现在已经步入黄昏。[1] 洛维特对尼采的解释是："根据永恒复归的'预卜'和虚无主义的'预卜'的这种联系，尼采的全部学说就是一个双面脸谱：它是虚无主义的自我克服，其中'克服者和被克服者'是一回事……虚无主义与复归的这种统一性产生自，尼采追求永恒的意志就是将自己的意志扭转向虚无。"[2] 所以，后现代是超人的时代在现在性的终结中，虚无促使诸多超人诞生。积极的虚无在破碎的价值废墟中重新升起，一种真正自由的生活在超人的不妥协中成立。

---

[1] 唐纳德·A. 克罗斯比：《荒诞的幽灵：现代虚无主义的根源与批判》，张红军译，社会科学文献出版社，2020年，第29页。
[2] 洛维特：《从黑格尔到尼采：19世纪思维中的革命性决裂》，李秋零译，生活·读书·新知三联书店，2006年，第262页。

叔本华，这个值得注意的德国人，如同歌德、黑格尔和海涅[①]，是一个天才。为了用虚无主义根本贬低生命，他做了一个恶作剧式的尝试，却把正相反的判决，"生命意志"的伟大的自我肯定和生命的蓬勃形态引出了场。他依次把艺术、英雄主义、天才、美、伟大的同情、知识、求真理的意志、悲剧都解释为"否定"或渴望否定"意志"的产物。生命，在虚无的隐秘呼求中，表达出最为有力的虚有——超越和神圣。

回到有关虚无的言说，道说是最为直白、原初的虚有。作为世界四重整体的开辟道路者，道说把一切聚集到相互面对之切近中，而且是阒然无声地，就像时间时间化、空间空间化那样寂静，就像时间—游戏—空间开展游戏那样寂静。道说作为这种无声地召唤着的聚集而为世界关系开辟道路。这种无声地召唤着的聚集，我们把它命名为寂静之音（das Geläut der Stille）。它就是：本质的语言。词语破碎处，无物可存在。同样值得我们思的是那种因为并不缺失而宣露出来的词语与"存在"（ist）的关系。于是，在与诗意词语的近邻关系中有所运思之际，我们就可以猜度说：词语崩解处，一个"存在"出现。在这里，"崩解"意味着：宣露出来的词语返回到无声之中，返回到它由之获得允诺的地方中去，也就是返回到寂静之音中去——作为道说，寂静之音为世界四重整体诸地带开辟道路，而让诸地带进入它们的切近之中。这种词语之崩解乃是返回到

[①] 此处指海因里希·海涅（Heinrich Heine）。

思想之道路的真正步伐。① 不仅是诗,虚有的诸种言说都呈现意义的废墟。在虚有的类型学中,虚无的踪迹被显明。

第二节 虚有的结构和类型

在根本上,虚有是虚无的临时处境,而虚无只显露为踪迹,这直接致使虚有与痕迹同构。因此,在对虚无的遗忘中,被忆起的仅是此时此刻生成着的话语,任何关于虚无主义——虚有的话语——的划分,都只能是虚有类型化的表达,虚无在言语事件中成为一种有。具体而言,无论是唐纳德·A. 克罗比斯(Donald A. Krobis)克罗比斯将现代的虚无主义分为五个类型:政治虚无主义、道德虚无主义、认识论虚无主义、宇宙论虚无主义和生存论虚无主义②,还是刘森林区别虚无主义的四个层面:否定物质世界,并在遥远异乡建构理想的意义世界的路向;否定人之基本价值的虚无化路向;否定崇高价值的虚无化路向;否定一切行为努力之意义的极致的虚无化路向③,虚无都在多层面呈现着别样的、克服的或扭转的有。如罗伯特·皮平(Robert Pippin)所言,表达为积极的渴望、热情而无私的好奇心、想象力和逻辑严谨的幸运结合、某种非悲观的怀疑主

---

① 海德格尔:《在通向语言的途中》,孙周兴译,商务印书馆,2004年,第212~213页。
② 唐纳德·A. 克罗比斯:《荒诞的幽灵:现代虚无主义的根源与批判》,张红军译,社会科学文献出版社,2020年,第12~46页。
③ 刘森林:《物与无:物化逻辑与虚无主义》,江苏人民出版社,2013年,第116页。

义、一种非认命的神秘主义等的虚无，正是欧洲精神最活跃的特征。在文化、社会的意义危机中，虚无主义将自身表达为生命的异质。

然而，异质本身并不与虚有等同，前者毕竟是一种描述，而后者则实在地指向生成事件。所以，是生命的生成本身，促使异质成为一种活动，且这种活动一旦停止便会在生存论层面导致无聊、颓废的后果。如皮平所说，虚无主义危机的主要特征之一就是极少有人把现代情景作为危机来体验，最后的人不仅放弃了追求目标、创造和证实一切意义上可算作真正断言的一切企图，而且他们那么惬意地沉浸于自己心满意足的生活之中，以致再也意识不到自己所干的事情或什么东西是有可能的。① 平静的表象中，危机被掩盖，生命的活力由此不再转换，同一、单向度的生活成为另类的、自满的空虚感。直到荒谬的踪迹在这平凡而安逸的生活中被重新发现了，荒原生活的回忆才复又涌现——杀戮、死亡、献祭、狂欢再次成为生命的主题。关于颓废与怀疑主义，尼采认为怀疑论乃是颓废的后果：譬如精神的放荡；道德沦丧、世风日下乃是颓废的后果（意志薄弱，因此需要强烈的兴奋剂）；疗法，心理学的和道德的，都无法改变颓废的进程，因为这些疗法毫无用处，它们是生理学的零点；虚无主义不是原因，而仅仅是颓废学逻辑。② 颓废作为一种状

---

① 皮平：《作为哲学问题的现代主义——论对欧洲高雅文化的不满》，阎嘉译，商务印书馆，2007年，第133页。
② 弗里德里希·尼采：《权力意志——重估一切价值的尝试》，张念东、凌素心译，商务印书馆，1991年，第532页。

态，在消极的心理中积蓄反叛的力量，疲惫而未耗尽、空虚而不至自杀，沉沦着的此在在畏中领受无的启示。① 颓废学，在对其他领域的蔑视中划定自身的范畴。所以，颓废作为生命的沉沦事件，若失去生命活力的支撑便仅是乞讨者的摇尾乞食；而一旦注入权力意志的要素，冒险与复仇的激情便会出现。虚有，在生存论的边缘反转中呈现为无聊、空虚、颓废从意义整体中逃逸的过程。

意义的参与使虚有与认识论的衰落相关。约翰内斯·司各特·爱留根纳（Johannes Scotus Eriugena）着重区分了认识层面的存在与虚无，其中虚无意味着认识的不整全。② 换言之，中世纪的认识论就已预示了现代主义认识理论的转变——没有什么进步的历史观念是不言而喻的，除非人的其他认识基于对神圣和自然的认识之上。这种观念到了现代表现为人对神圣的认识本身也值得怀疑。所以，虚无主义的极端形式认为：任何信仰、任何自以为真实的行为一定是谬误。因为，根本就没有真实的世界。这就是说这样的世界乃是源于我们头脑的远景式的假象。虚无主义否定了真实的世界、存在和神圣的思维方式。③ 唯独无定形的认识自身，保有认识存在这一绝对真理。笛卡尔的怀疑精神凭着认识的根基性宣告了现代主

---

① 海德格尔：《路标》，孙周兴译，商务印书馆，2000年，第129页。畏启示无（Die Angst offenbart das Nichts）。
② Dermot Moran, *The Philosophy of John Scottus Eriugena: A Study of Idealism in the Middle Ages*, Cambridge University Press, 1989, 此部分为笔者翻译。
③ 弗里德里希·尼采：《权力意志——重估一切价值的尝试》，张念东、凌素心译，商务印书馆，1998年，第277页。

义虚无主义的诞生,后者由此成为一种元叙事,一种否定一切的世界观。让-弗朗索瓦·利奥塔(Jean-Francois Lyotard)用现代这个词来指代任何一门通过元话语使自己合法化的科学,虚无主义由此成为现代主义的;而一旦虚无主义成为一种有指向、有目的的潮流,它就愈加显现为清晰的图像而非悠远的痕迹。之后,在现代性的终结中,瓦蒂莫通过对海德格尔的此在的诠释学进行分析,发现了一种解释学的虚无主义。这种虚无主义在狄尔泰和伽达默尔那里也有展现,即虚无主义不仅消除作为基础的存在的过程,而且也完全遗忘了存在。在死的面向中,在"回忆"之思中,话语的形而上学在虚无的反对中发生了根基的偏转,于是一切言说都被扭转成解释的事件。① 虚无由此在无限的解释中成为虚有,解释使虚无回归到语言之家。

语言以价值的方式呈现,虚无和虚有具化为道德性、政治性的事件。虚无主义有时与政治热情结合为革命的浪潮:政治情感和革命行动将各种各样的激进分子团结起来,一种在冲突性、破坏性的改革中迎来新秩序的期待带到了顶峰。虚无主义的政治内涵以呼号的方式被呈现,在"打倒……""我们要……"的口号中,一种更加深远的、本体论的虚无主义显露出来——人们渴望着意义的废墟,这废墟能够孕育新的生命。

所以,在本体论层面,与尼采一样,海德格尔区分了两种形式

---

① 瓦蒂莫:《现代性的终结》,李建盛译,商务印书馆,2013年,第167页。

的虚无主义,即本真的虚无主义和非本真的虚无主义。本真的虚无主义指向存在的隐退的事实,它肇始于形而上学历史的发端,并延续至今。非本真的虚无主义在存在的退场中,言说存在留下的痕迹。换言之,存在的隐退使其他形式的虚无主义(海德格尔统称为"非本真的虚无主义")成为可能。在这个意义上,尼采不仅是"形而上学家"而且是"最后一位形而上学家",其哲学正是"非本真的虚无主义"的形式之一,亦即尼采对虚无主义的克服反倒成了虚无主义的完成。[①] 在美学的分析中,威廉·斯洛科姆(William Slocombe)将虚无主义和崇高视作后现代主义的两个基本组成部分,意在表明正是虚无感和崇高感的异态相连。在诗的言说中,在恐怖、崇高与亲切的张力中,人内在的激情和活力敞现。

概言之,虚有与虚无的结构对应决定了虚无的非克服特征,即在虚无的偏转中始终有新的事物出现。虚无无法被克服也无需被克服,无论是对虚无的拒绝还是接受,都会自然生产出意义的转换。如鲍德里亚所言,资本主义体系在当前的主张是最大化言论,最大化意义的生产和参与的生产。因此,策略性的抗拒就是对意义和言说的拒绝,抗拒这个体系的机制所做的超遵从摹仿,这是过度接受而实现的另一种形式的拒绝。这是大众的现实策略。这个策略并不排除其他的策略,但它是今天能够取胜的策略,因为它最适应这个

[①] 杨丽婷:《虚无主义的审美救赎:阿多诺的启示》,社会科学文献出版社,2015 年,第 66 页。

体系的当前阶段。① 抗拒某些意义意味着对另一些意义的接受，在对特定现象的考察中，虚有显现。

第三节 虚有的现象

虚有的现象通常与未知相关，无与有的交织，使得其中透露出神秘、好奇、惊惧、恐怖等令人止步的诱惑。虚有跨越可能和不可能，在朦胧和模糊中，呈现一个另样的世界。按照斯坦利·罗森（Stanley Rosen）的说法，神秘主义是人的意识发展中两个意识或两个阶段的相遇之处。一个是原始的，另一个是发展的；一个是神话世界，另一个是启示世界。② 这意味着人的根本规定与神秘主义相关，人对神秘的始终渴望和保有，造就了人类话语的想象性和诗性。因此，在《逻辑哲学论》中，沉默是哲学的目标，且《哲学研究》并没有否定神秘主义，而是展现了对沉默问题的新的回应。③ 沉默，对不可说者保持沉默，让不可说者的神秘自然浸透话语，所谓哲学才能与神秘主义并行。诗和小说，在词语的出走处，描绘出令人震撼的神秘场景。

在对死亡的考察中，同样可以发现神秘的踪迹。因此，尽管死亡引出最大的未知和恐怖，但死亡连接现世生命和未知生命。所

---

① 鲍德里亚：《生产之镜》，仰海峰译，中央编译出版社，2005年，第216页。
② 索伦：《犹太教神秘主义主流》，涂笑非译，四川人民出版社，2000年，第22页。
③ 斯坦利·罗森：《虚无主义：哲学反思》，马津译，华东师范大学出版社，2019年，第10页。

以，一旦决断要抵达死亡，人便觉察到自己的独一无二性。在朝向死亡的紧张状态中，人的勇敢经受着检验，生活因此具有了严峻性，具有了"你应该"之凝重，这凝重才把生活从闲适、轻、避中夺回来。死亡的权威将亲在带进"其生命的单纯"。让亲在撞见自己的"罪"——人身上对存在、对没有人便不存在的此在所有的欠负。死亡整全地要求人、命令人、惊吓人、抬高人——死亡让人领受其呼招。[1] 这样，死亡深化并敞开着现世生命，在深沉的呼招中，一种值得期待的未知生命来临。

死亡观念见证着生者的在场且在有限者无法超越的死亡之外，一种新的生命建立在死亡之上。具体而言，在道教中尸解不被视作一般意义上的死亡，而是形态转化的过程。而作为修道成仙的手段，死亡实质上取消了死亡作为终结者的角色，从死亡身侧绕了过去。因此，尸解从方法论的层面消解了死亡本意。此外，死亡作为不朽的背景能够隐匿在神圣生命的完成中，其威胁迫使生命走向未知；而生命走向未知的过程本身就是奥秘性的，它是被死亡拥抱着的有。

自然的，人们也在此时此刻生存其中的世界中发现了实在的虚无特征。创造与毁灭必然总是如影随形，因为对旧有之物的毁灭，就是创造新异之物的常见序曲或伴奏。但是更为根本的是，它可以有力地提醒人们，世界有其黑色的一面，就像月亮有其阴暗的一面那样，这个充满模糊不定的危险和苦难的一面，会突然出现在人们眼前。这

---

[1] 迈尔：《古今之争中的核心问题：施来特的学说与施特劳斯的命题》，林国基等译，华夏出版社，2004年，第243页。

是世界的终极特征的一部分：它的深不可测的神秘一面。去实实在在地生活，就是能够清醒地意识到我们的世俗生存的这种含混性。这种含混性必须被如此清楚地认识到；它不能被简单地分解为轻浮的乐观主义或令人沮丧的虚无主义。这样一种认识为信心和希望留下了空间，但伴随这种信心和希望的，是对现实和动物与人的痛苦程度的同情认识及对所有生存的偶然性的清楚承认。这些偶然性可能会导致痛苦，但是，同样的偶然性会有难以预期的转化效应。这样一种观点可以被恰当地命名为"对待生活的悲剧意识"，也可以帮助人们直面牺牲，而作为人们所从事的事业和追求——它们让我们的生活有价值，有助于世界的改造的代价，我们可能被召唤做出这样的牺牲。①

于是，在神秘的剧场中，人乐此不疲地上演技术的悲剧。语言学、历史编纂学、语文学、音乐学、逻辑学、修辞学、诗学②，一切人文研究都在描绘神秘的难以捉摸；而建筑、冶金、锻造、制药、畜牧、航海等上手的技艺，则实在地生产世界的地形学。如同古代的技艺或技术，现代技术也是一种解蔽方式，其形式本质是座架。座架并不把自身展示为产出，而是以促逼的摆置的方式，使事物呈现出来。座架将自然当作可订造的能源和资源，以现成的形式处理自然。"现代技术作为订造着的解蔽决不是纯粹的人的行为……那种促逼把人聚集于订造中。此种聚集使人专注于把现实订

---

① 唐纳德·A. 克罗比斯：《荒诞的幽灵：现代虚无主义的根源与批判》，张红军译，社会科学文献出版社，2020年，第425页。
② 还有艺术理论、艺术史与考古学、文学与戏剧研究、媒体与文化研究等。

造为持存物。"① 订造在某种程度上取消了神秘，因此在海德格尔看来，技术乃是现时代最高意义上的虚无主义。在技术虚无主义之中，尽管孕育着走出这一困境的希望，但更多地蕴含着现代性之本质困境。基因编码、人工智能、宇宙探索，技术在现代虚无主义的威胁中开阔着存在的边界。所以，约斯·德·穆尔（Jos de Mul）才会宣称，在悲剧的克服中，悲剧最终重生于技术精神。②

显而易见的是，虚拟技术与虚拟文学、艺术的产生，使得虚有成为一种实在的③美学现象。比如，在科幻小说中，无论是科学因素还是文学虚构因素都会激发读者的思想感情，这并不令人惊讶。甚至如果人们同意这样的观点：哲学家不囿于反思我们的存在，还关注对可能性的探索（海德格尔认为这甚至比现实性更重要），那么科幻小说就可以视为哲理文学的最卓越超凡的形式。而即使是那钟爱现实性甚于可能性的人也必须承认，吉伯森在1984年所描绘的赛博空间在今天正在变成现实，因为电子计算机工业清晰地展示了吉伯森小说的影响。就此而言，赛博朋克小说可以视为目前小说中最富于现实性的，这类文学可以引发人们对哲学人类学关于人类与机器之间的分界线问题进行深刻思考，激起人们对数字空间与时间的形而上反思，这无疑表征某种出自形式的独特意味。由此，与

---

① 海德格尔：《海德格尔选集》，孙周兴选编，生活·读书·新知三联书店，1996年，第937页。
② 穆尔：《命运的驯化：悲剧重生于技术精神》，麦永雄译，广西师范大学出版社，2014年。
③ 虚拟真实，最起码能产生一种体验的真实，这是文学与艺术的基本功能。

虚拟和幻想相关的虚有成为美学的样式。

克罗比斯在对虚无主义进行深刻的分析后，总结了几个重要的教训：其一，虚无主义可以被视为对某些基本假设的富有启发性的归谬法（reductio ad absurdum），这些假设虽然具有破坏性并且站不住脚，但曾经深刻影响了现代思想。其二，虚无的威胁揭开了存在的秘密。通过使我们关注这个所有客人中最危险的客人，虚无主义哲学能够更加深刻地协调我们与生存的难以应对的含混性的关系，协调我们与光暗复杂交织的生存的关系。其三，虚无主义能认识到所有知识、价值和意义视角性。并非虚无主义来自这种视角性；相反，这种视角性倾向于视时空中的无法逃离的境遇性和因而对有限视角的信任为一种灾难。其四，虚无主义揭示人类对自由的现实性和极端重要性的坚持。其五，虚无主义存在于它对个人的唯一性的坚守中。其六，就像不存在固定的人性，只存在复杂的、开放的潜能，这些潜能在历史过程中能持续变成现实一样，在人类经验中，同样不存在静止的、已经做好的、完全自在的世界。我们所经验的世界，并非一个与我们抗衡的或与我们不相干的世界，这是一个与我们密切相关的世界，而且是一个总在不断生成的世界。[①] 概言之，虚无主义在多个层面显明了虚有的内涵，虚有作为虚无的痕迹，在人的言说中、在意义的废墟上，偏转、生成新的事物或生命。

[①] 唐纳德·A. 克罗比斯：《荒诞的幽灵：现代虚无主义的根源与批判》，张红军译，社会科学文献出版社，2020年，第431～445页。

参考文献

H.-G. 伽达默尔, 2018. 美的现实性：艺术作为游戏、象征和节庆 [M]. 郑湧, 译. 北京：人民出版社.

Ⅰ. 康德, 1964. 判断力批判（上）[M]. 宗白华, 译. 北京：商务印书馆.

伯纳德特, 2016. 生活的悲剧与喜剧：柏拉图的《斐勒布》[M]. 郑海娟, 译. 上海：华东师范大学出版社.

恩斯特·卡西尔, 1985. 人论 [M]. 甘阳, 译. 上海：上海译文出版社.

海德格尔, 2012. 存在与时间：修订译本 [M]. 陈嘉映, 王庆节, 译. 北京：生活·读书·新知三联书店.

海德格尔, 2017. 海德格尔文集 形而上学的基本概念：世界—有限性—孤独性 [M]. 赵卫国, 译. 北京：商务印书馆.

黑格尔, 1981. 美学·第三卷（下册）[M]. 朱光潜, 译. 北京：商务印书馆.

津巴多, 2009. 害羞心理学 [M]. 段鑫星, 等译. 北京：中国人民大学出版社.

笠原仲二, 1988. 古代中国人的美意识 [M]. 杨若薇, 译. 北京：生活·读书·新知三联书店.

尼采, 2016. 权力意志与永恒轮回 [M]. 沃尔法特, 编, 虞龙发, 译. 上海：上海译文出版社.

帕斯卡尔, 1986. 思想录 [M]. 何兆武, 译. 北京：商务印书馆.

舍勒, 2017. 道德意识中的怨恨与羞感 [M]. 刘小枫, 主编. 罗悌伦，林克，译. 北京：北京师范大学出版社.

十三经注疏整理委员会整理，1999. 十三经注疏·周礼注疏（上、下）[M]. 李学勤，主编. 北京：北京大学出版社.

叔本华，1982. 作为意志和表象的世界 [M]. 石冲白，译. 杨一之，校. 北京：商务印书馆.

图希，2014. 无聊：一种情绪的危险与恩惠 [M]. 肖丹，译. 北京：电子工业出版社.

威廉斯，2014. 羞耻与必然性 [M]. 吴天岳，译. 北京：北京大学出版社.

许慎，2007. 说文解字注 [M]. 段玉裁，注. 许惟贤，整理. 南京：凤凰出版社.

后 记

本书的写作始于 2019 年的夏天。那时，我因深感生命之虚无与苦痛，写下了"论苦难、灾厄与末世"，即本书的起始。随着这部分写完，内心的困惑竟得到了极大的疏解，遂以此为契机将其他部分的内容书写了出来。我对隐微生命现象的思考逐渐形成了体系，于是就有了以喜、怒、忧、思、悲、恐、惊为支撑点，以羞耻、遗忘、脆弱、苦难、侥幸等为显像的生命体验分析。

照我的看法，要想深入了解生命，关键是要以事件为现象、以施受者为主体，但主体必不在存在层面胜过现象，且现象之间的差别应由功能而非发生频次规定。所以，日常生活中的琐事并不都是可以忽略不计的"鸡毛蒜皮"，人们也无需刻意寻求那所谓的生命的"重大节点"，它们早就被隐藏在人的一举一动、一喜一怒之中了。隐微的重要之处在：它只是难以被发现，但不可或缺，生命的一切细微缺漏都由之填满。生命正是在对隐微的接受中，具有了无可比拟的广度与深度。

在此，感谢四川师范大学哲学学院马哲团队对本书出版的支持，特别感谢郭欣怡博士参与本书校对，感谢王静编辑青睐本书，她为此倾注了大量心血。衷心祝愿读者在对自身的观照及阅读中能够有所共鸣。

毕聪聪

金象花园

2024 年 5 月 22 日